职业教育自动化类专业新形态教材

液压与气压传动项目教程

主　编：丁海峰　刘　哲　燕居怀
副主编：王利娜　徐一帅

电子工业出版社
Publishing House of Electronics Industry
北京·BEIJING

内容简介

本书以职业教育倡导的能力和目标为主线，以就业为导向，采用任务引领、启发训练等方法优化教学内容，能充分调动学生学习的主动性和创造性。本书不拘泥于理论研究，注重培养学生对液压与气压传动技术的理解及实际应用，围绕重要的技能点及知识点安排仿真设计训练任务和实训任务，强化学生的思维能力及团队协作意识。

本书设置了八个项目：项目一液压传动技术认知、项目二汽车起重机液压系统传动分析及其故障诊断与排除、项目三动力滑台液压系统传动分析及其故障诊断与排除、项目四液压机液压系统传动分析及其故障诊断与排除、项目五气压技术认知、项目六气液动力滑台气压系统传动分析及其故障诊断与排除、项目七公交车关门防夹气压系统传动分析及其故障诊断与排除、项目八自动计量装置气压系统传动分析及其故障诊断与排除。本书可作为高职高专院校和技师类院校机电一体化、电气自动化、机械制造及自动化等专业学生的教材，也可作为相关专业工程技术人员的参考用书。

未经许可，不得以任何方式复制或抄袭本书之部分或全部内容。
版权所有，侵权必究。

图书在版编目（CIP）数据

液压与气压传动项目教程 / 丁海峰，刘哲，燕居怀主编. —北京：电子工业出版社，2024.3
ISBN 978-7-121-47447-7

Ⅰ.①液… Ⅱ.①丁… ②刘… ③燕… Ⅲ.①液压传动—高等学校—教材 ②气压传动—高等学校—教材 Ⅳ.①TH137 ②TH138

中国国家版本馆 CIP 数据核字（2024）第 050798 号

责任编辑：孙　伟
印　　刷：北京雁林吉兆印刷有限公司
装　　订：北京雁林吉兆印刷有限公司
出版发行：电子工业出版社
　　　　　北京市海淀区万寿路 173 信箱　邮编：100036
开　　本：787×1092　1/16　印张：11.75　字数：300.8 千字
版　　次：2024 年 3 月第 1 版
印　　次：2024 年 3 月第 1 次印刷
定　　价：45.80 元

凡所购买电子工业出版社图书有缺损问题，请向购买书店调换。若书店售缺，请与本社发行部联系，联系及邮购电话：（010）88254888，88258888。
质量投诉请发邮件至 zlts@phei.com.cn，盗版侵权举报请发邮件至 dbqq@phei.com.cn。
本书咨询联系方式：（010）88254604，sunw@phei.com.cn。

前　言

随着科学技术的进步，液压与气压传动技术得到飞速发展，被广泛应用于机械制造、航空、航天、冶金、交通运输、建筑工程、水利、化工、纺织、生物制药、能源技术等领域中。为了培养学生实际应用液压与气压传动技术的能力，满足实际工作岗位需求，编者在总结多年教学实践经验的基础上编写了本书。

本书以职业教育倡导的能力和目标为主线，以就业为导向，采用任务引领、启发训练等方法优化教学内容，能充分调动学生学习的主动性和创造性。本书不拘泥于理论研究，注重培养学生对液压与气压传动技术的理解及实际应用。

本书具有以下特点：

（1）选取与液压与气压传动相关的典型案例作为教学项目来承载教学内容，采用任务导向、任务驱动模式，对各类元件的工作原理、结构和应用等知识进行了深入浅出的介绍。

（2）融入了课程思政元素，以技能报国的爱国主义精神、爱岗敬业的劳动精神和精益求精的工匠品质为思政主线，培养学生"依规范、重安全、保质量"的综合职业素养。

（3）围绕重要的技能点及知识点安排仿真设计训练任务，强化学生的思维能力及团队协作意识。

（4）融入大量微课视频，可扫描书中二维码浏览，便于学生预习和复习，充分体现"互联网+"新形态一体化教材理念。

（5）践行校企双元育人，邀请中通客车股份有限公司苏金忠工程师参与本书编写，选用部分企业真实案例作为支撑，推动校企双元育人发展。

（6）与时俱进，将党的二十大精神融入教材，用习近平新时代中国特色社会主义思想武装学生头脑。

本书由聊城职业技术学院丁海峰、淄博市技师学院刘哲、威海海洋职业学院燕居怀担任主编，聊城职业技术学院王利娜、徐一帅担任副主编。本书可作为高职高专院校和技师类院校机电一体化、电气自动化、机械制造及自动化等专业学生的教材，也可作为相关专业工程技术人员的参考用书。

本书提供了丰富的教学资源，包括微视频、教学课件和习题答案等，读者可以通过扫描书中二维码或登录华信教育资源网（www.hxedu.com.cn）免费下载。本书有配套的在线课程，读者可以进入"学银在线"网站观看。

在编写过程中，编者参考了多本书籍，在此向其作者表示感谢。由于编者水平有限，书中的不足之处在所难免，欢迎读者提出宝贵意见。

编　者

2023 年 5 月

目　录

项目一　液压传动技术认知 ··· 1
　　任务1　液压传动技术的应用 ·· 2
　　任务2　液压传动工作原理 ·· 3
　　任务3　液压传动系统 ·· 5
　　任务4　液压传动装置的工作特点 ·· 7
　　项目习题 ··· 11

项目二　汽车起重机液压系统传动分析及其故障诊断与排除 ·············· 12
　　任务1　汽车起重机液压基本回路设计 ··· 13
　　任务2　汽车起重机液压系统传动分析 ··· 41
　　任务3　汽车起重机液压系统故障诊断与排除 ································· 44
　　项目习题 ··· 48

项目三　动力滑台液压系统传动分析及其故障诊断与排除 ·················· 51
　　任务1　动力滑台液压基本回路设计 ··· 52
　　任务2　动力滑台液压系统传动分析 ··· 84
　　任务3　叠加阀式液压系统传动分析 ··· 90
　　任务4　动力滑台液压系统故障诊断与排除 ····································· 97
　　项目习题 ··· 99

项目四　液压机液压系统传动分析及其故障诊断与排除 ······················ 102
　　任务1　液压机液压基本回路设计 ··· 103
　　任务2　液压机液压系统传动分析 ··· 115
　　任务3　液压机插装阀集成液压系统分析 ······································· 120
　　任务4　液压机液压系统故障诊断与排除 ······································· 127
　　项目习题 ··· 130

项目五　气压技术认知 ··· 132
　　任务1　气动技术的应用 ·· 133
　　项目习题 ··· 142

项目六　气液动力滑台气压系统传动分析及其故障诊断与排除 …… **143**

任务 1　气液动力滑台气压基本回路设计 …… 144
任务 2　气液动力滑台气压系统传动分析 …… 151
任务 3　气液动力滑台气压系统故障诊断与排除 …… 154
项目习题 …… 155

项目七　公交车关门防夹气压系统传动分析及其故障诊断与排除 …… **156**

任务 1　公交车关门防夹气压系统基本回路设计 …… 157
任务 2　公交车关门防夹气压系统传动分析 …… 162
任务 3　公交车关门防夹气压系统故障诊断与排除 …… 164
项目习题 …… 165

项目八　自动计量装置气压系统传动分析及其故障诊断与排除 …… **166**

任务 1　自动计量装置气压基本回路设计 …… 167
任务 2　自动计量装置气压系统传动分析 …… 176
任务 3　自动计量装置气压系统故障诊断与排除 …… 179
项目习题 …… 180

参考文献 …… **181**

项目一　液压传动技术认知

【知识目标】

1. 了解液压传动在工程机械中的应用。
2. 了解液压传动的特点。
3. 理解液压传动的工作原理。
4. 理解压力和流量的概念。

【能力目标】

1. 能够利用帕斯卡定律和连续性原理分析液压千斤顶的工作原理。
2. 能够通过汽车报废装置分析液压系统的组成。

【素质目标】

1. 培养学生注重细节的品质和顾全大局的意识。
2. 培养学生"干一行、认一行"的职业精神和职业素养。

【思政故事】

2015年8月15日，身穿中国队服，手握国旗的曾正超昂扬走上了领奖台，为这一刻，他整整奋斗了两年。无数次的训练，造就了曾正超灵敏的感知和成熟的手法。每一种焊接方法，他都做到精益求精，甚至连呼吸都控制着频率和力度。有些焊接点需要长时间保持一个姿势，手不能有任何抖动，长时间焊接下来，他都感觉不到手的存在了……正是因为做了充分的准备，在比赛中，曾正超沉着冷静，出色地完成了比赛任务，以绝对优势获得了世界冠军。

导　语

图1-1所示为工业生产中使用的液压千斤顶，它是在液压传动系统的参与下举起重物的。

图1-2所示为工地上常见的挖掘机，其铲斗是在液压传动系统的带动下完成挖掘工作的。

这两种设备中都使用了液压传动系统。那么，什么是液压传动系统？液压传动系统是如何带动机器工作的呢？

图 1-1 液压千斤顶
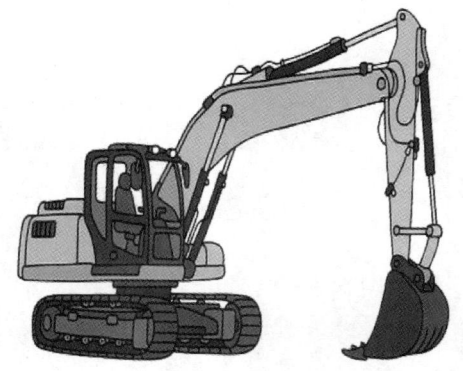
图 1-2 挖掘机

任务 1　液压传动技术的应用

液压传动技术被广泛应用于机械制造、航空、航天、冶金、交通运输、建筑工程、水利、化工、纺织、生物制药、能源技术等领域中,其部分应用场景如图 1-3 所示。

图 1-3　液压传动技术的部分应用场景

我国的液压传动技术是在中华人民共和国成立后发展起来的,最初只应用于锻压设备上。七十多年来，我国的液压传动技术从无到有，发展很快，从最初的引进国外技术发展到现在的进行产品自主研发，生产出了一系列在性能、种类和规格上与国际先进水平接近的液压产品。

液压系统的任务就是将动力从一种形式转变成另一种形式。由于液压系统在动力传递过程中具有用途广、效率高和结构简单等特点，因此被广泛应用。

液压传动的发展和应用

随着世界工业水平的不断提高，各类液压产品呈现标准化、系列化和通用化趋势，液压传动技术得到了迅速发展，开始向高压、高速、大功率、高效率、低噪声、低能耗、高度集成化等方向发展。可以预见，未来液压传动技术将在现代化生产中发挥越来越重要的作用。

任务 2　液压传动工作原理

液压传动是指用液体作为工作介质，借助于液体的压力进行能量传递和控制的一种传动形式。液体存在于管路中，可沿着管道任意方向传递动力，因为液体几乎是不可压缩的，所以通过推压液体产生的动力传送几乎没有延时。

2.1　帕斯卡定律

帕斯卡定律只适用于液体中。由于液体的流动性，封闭容器中静止液体的某一部分发生压力变化时，会大小不变地向各个方向传递，如图 1-4 所示。压力等于作用力除以受力面积。

可用公式表示为：$p=F/A$。

液体静压力在物理学上称为压强，在工程中习惯称为压力，本书中采用压力的说法，在此做出说明。

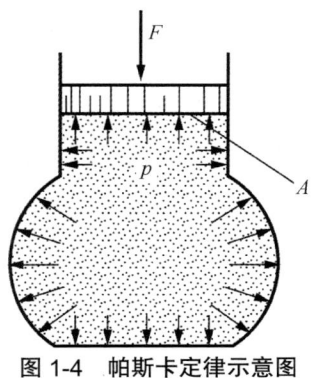

图 1-4　帕斯卡定律示意图

根据帕斯卡定律，在如图 1-6 所示的液压系统中的一个活塞上施加一定的压力，必将在另一个活塞上产生相同的压力。如果第二个活塞的面积是第一个活塞的面积的 10 倍，那么作用于第二个活塞上的力将增大至第一个活塞上力的 10 倍,而两个活塞上的压力相等。

帕斯卡定律在生产技术中有很重要的应用,据此定律,可制造液压制动闸,用于刹车,如图 1-5 所示;可制造千斤顶,用于顶举重物,如图 1-6 所示。

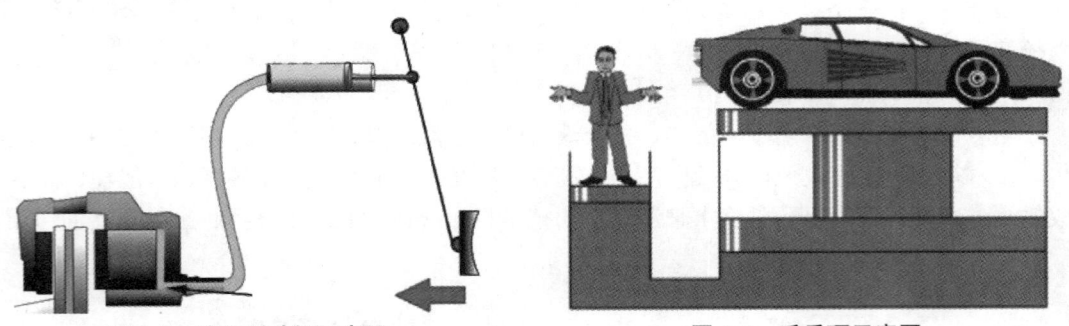

图 1-5　液压制动闸示意图　　　　　图 1-6　千斤顶示意图

2.2　连续性原理

连续性原理研究的是流体流经不同截面的通道时,流速与通道横截面积大小的关系。当流体连续不断且稳定地流过一个粗细不等的管子时,由于管中任何一部分的流体都不能中断或挤压起来,因此,在同一时间内流经任意截面的流体质量不变。

如图 1-7 所示,该结论可用公式表示为:

$$\rho V_1 = \rho V_2$$

即:$A_1 v_1 t = A_2 v_2 t$

$$A_1 v_1 = A_2 v_2$$

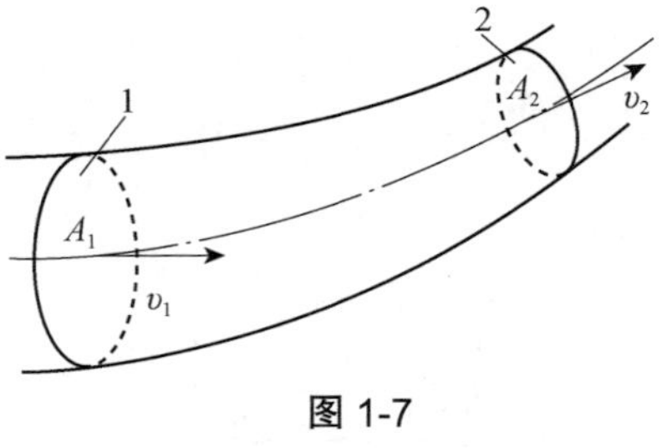

图 1-7

结论:流体连续流动时,流经任意截面的流体速度与截面面积成反比。

2.3　液压千斤顶

液压传动的基本工作原理

液压千斤顶工作原理图如图 1-8 所示,当提起杠杆 1,小活塞 3 上升,小油缸 2 下腔的容积增大,形成局部真空,于是油箱 8 中的油液在大气压的作用下,推开单向阀 4 进入小油缸 2 的下腔(此时单向阀 7 关闭);当压下杠杆 1 时,小活塞 3 下降,小油缸 2 下腔的容积缩小,油液的压力升高,推开单向阀 7(此时单向阀 4 关闭),小油缸 2 下腔的油液进入大油缸 12 的下腔(此时放油阀 9 关闭),使大活塞 11 向上运动,将重物顶起一段距离。如此反复提起和压下杠杆1，就可以使重物不断上升，达到顶起重物的目的。

工作完毕，打开放油阀9，使大油缸12下腔的油液通过管路直接流回油箱8中，大活塞11在外力和自身重力的作用下实现回程。这就是液压千斤顶的工作原理。液压千斤顶力的传递遵循帕斯卡定律，当压下杠杆1时，小油缸2和大油缸12连通，两个油缸内液体压力相等，因大活塞11的面积远远大于小活塞3的面积，将顶起重物的力放大了好几倍。千斤顶的工作过程是符合能量守恒定律的。

从以上分析可知，液压传动的基本工作原理如下。

（1）液压传动中的液体是传递能量的工作介质。

（2）液压传动必须在密闭的系统中进行，且密封的容积能够发生变化。

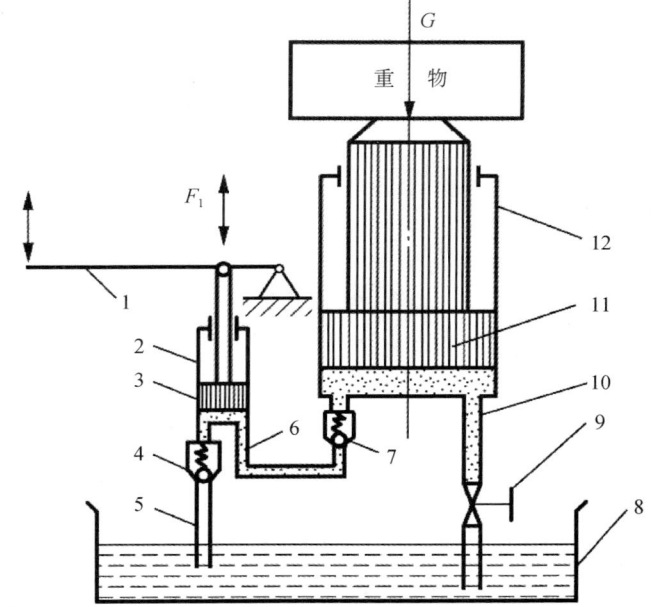

1—杠杆　2—小油缸　3—小活塞杆　4—单向阀　5—吸油管　6—压油管　7—单向阀　8—油箱
9—放油阀　10—放油管　11—大活塞杆　12—大油缸

图 1-8　液压千斤顶工作原理图

（3）液压传动系统是一种能量转换装置，而且有两次能量转换过程。

（4）液压传动中的液体只能承受压力，不能承受其他应力，所以这种传动是通过液体静压力进行能量传递的。

任务3　液压传动系统

各种液压元件组成具有不同功能的基本控制回路，基本控制回路再根据系统要求组成具有一定控制功能的液压传动系统。

3.1 汽车报废装置

汽车报废装置液压系统的组成如图 1-9 所示。汽车报废装置液压系统要想正常工作，必须有动力元件（液压泵）和执行元件（液压缸）。为避免活塞杆运动时发生过载，造成系统损坏，因此，必须有安全保护元件（溢流阀）。工作完成后，活塞杆要返回，必须有方向控制元件（换向阀）。工作时，活塞杆的速度控制需要由速度控制元件（节流阀）完成。另外，还需要辅助元件（油管、滤油器等）。

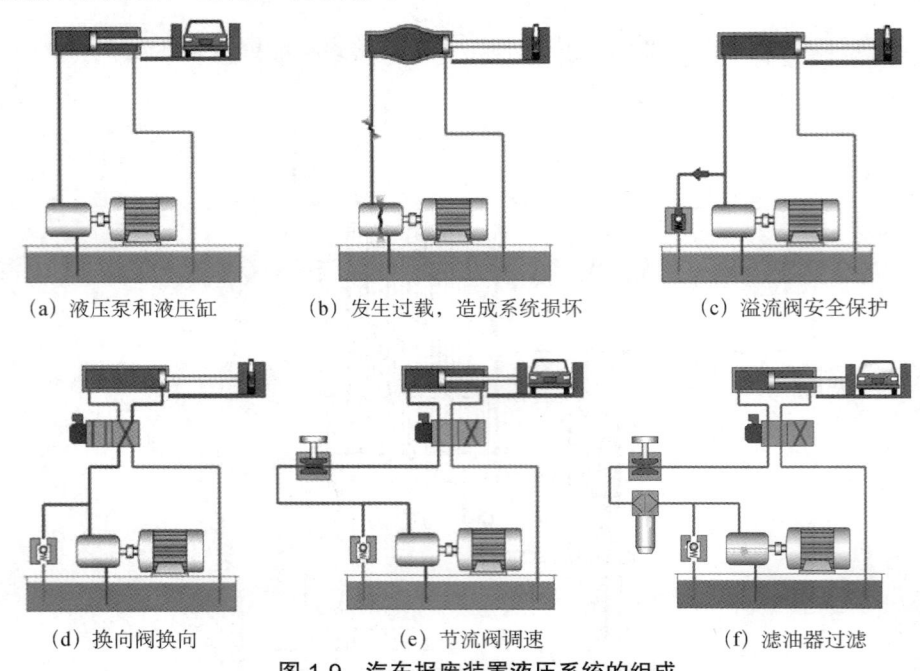

图 1-9 汽车报废装置液压系统的组成

3.2 液压传动系统的组成

一个完整的液压传动系统主要由以下五部分组成。

液压系统的组成

1. 动力元件

动力元件能给液压传动系统提供压力，并将电动机输出的机械能转换为液体的压力能，从而推动整个液压传动系统工作。液压泵（简称泵）是常见的动力元件。

2. 执行元件

执行元件包括液压缸和液压马达，它们将液体的压力能转换为机械能，以驱动工作部件运动。

3. 液压控制元件

液压控制元件包括各种阀类，如压力阀、流量阀和方向阀等，用来控制液压系统液体的压力、流量（流速）和流动方向，以保证执行元件完成预定动作。

4．辅助元件

辅助元件是指各种管接头、油管、油箱、过滤器和压力计等，它们起着连接、储油、过滤、储存压力能和测量压力等辅助作用，保证液压传动系统可靠、稳定、持久地工作。

5．工作介质

工作介质是指在液压传动系统中，起承受压力和传递压力作用的液体。

液压传动系统的工作过程如图 1-10 所示。

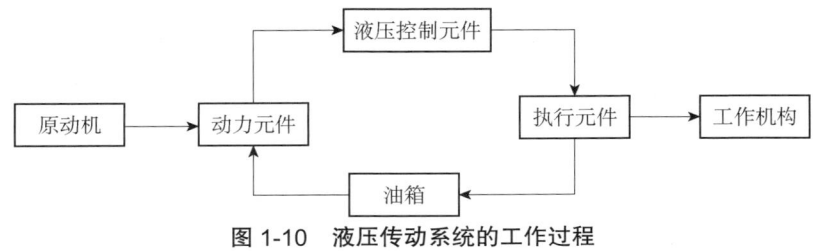

图 1-10　液压传动系统的工作过程

任务 4　液压传动装置的工作特点

4.1　液压传动装置的优点

液压传动装置具有如下优点。

（1）液压传动装置运行平稳、反应快、惯性小，能实现高速启动、制动和换向。

（2）在功率相同的情况下，液压传动装置体积小、重量轻、结构紧凑。例如，功率相同的液压马达的重量只有电动机重量的 10%～20%。

（3）液压传动装置能在运行时方便地实现无级调速，且调速范围最大可达 1∶2000（通常为 1∶100）。

（4）液压传动装置操作简单、方便，易于实现自动化。若将液压传动装置与电气设备联合用于控制，能实现复杂的自动工作循环和远距离控制。

（5）液压传动装置易于实现过载保护。

（6）液压传动装置中的液压元件实现了标准化、系列化、通用化，便于设计、制造和使用。

（7）液压传动装置中的液压元件能自行润滑，使液压传动装置有较长的使用寿命。

（8）液压传动可以输出较大的力或力矩，使数十吨甚至更重的物体实现低速运动，这是其他传动方式所不能比的突出优点。

4.2 液压传动装置的缺点

液压传动装置具有如下缺点。

(1) 液压传动装置不能保证严格的传动比,这是由液压油的可压缩性和液压油泄漏造成的。

(2) 液压传动装置对油温变化较敏感,这会影响它的工作稳定性。因此,液压传动装置不宜在很高或很低的温度下工作,一般工作在-15℃至60℃的环境中较为适合。

(3) 液压传动装置对油液的污染比较敏感,因此对各种液压元件的精度要求较高,造价也自然不菲。

(4) 液压传动装置出现故障时,不易查明原因。

(5) 液压传动装置在能量转换(机械能→压力能→机械能)的过程中,特别是在节流调速系统中,压力、流量损失大,故效率较低。

4.3 拓展提高

1. 压力与流动

液压传动装置工作原理示意图如图 1-11 所示。

(1) 惯性定律告诉我们,事物有保持其原本状态的趋势。这是油缸中的活塞杆不做运动的原因之一,如图 1-11(a)所示。

(2) 油缸中的活塞杆不做运动的另一原因是在它上面作用有负载,如图 1-11(b)所示。

(3) 当液压泵开始将油液推入油缸时,油缸中的活塞杆和在它上面作用的负载阻止油液的流动。因此,抵抗这种阻力的油压逐渐上升,当油压大于使活塞杆保持在其本身位置的力时,活塞杆便产生运动,如图 1-11(c)所示。

(4) 油缸中的活塞杆向上运动时,使负载得以提升,如图 1-11(d)所示。

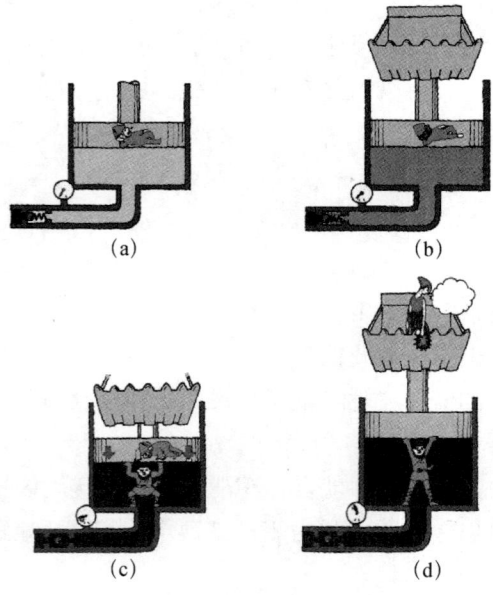

图 1-11 液压传动装置工作原理示意图

2. 压力和流动的作用

在液压基础研究中，会涉及以下变量：力、能量转移、功和动力，这些变量将在与之相关的压力和流动中谈到。压力和流动互相关联，但是各自完成不同的任务。

压力能产生力或力矩，流动能使物体移动。

水枪是压力和流动在实际应用中的典型案例。扣动扳机，在水枪内形成压力，产生的压力使水从水枪前面射出，形成流动，从而使木制士兵移动，如图 1-12 所示。

图 1-12 压力和流动的典型案例——水枪

3. 压力与力

（1）压力的形成

如果你按动一个装满液体容器的塞头，液体将止动塞头。塞头受到的来自液体的压力与容器内各部位受到的压力大小相等。如果继续用力地按动塞头，则容器会遭到破坏，如图 1-13 所示。

结论：压力形成的原因是液体向前流动时受到阻力。

图 1-13 压力的形成

（2）最小阻力通道

如果有一个充满液体的密闭容器，并且在容器一侧开一孔口，当你按动该容器顶部时，液体便会从此孔口流出，如图 1-14 所示。这是因为孔口是唯一没有阻力的点。

结论：当力作用于密闭容器中的液体时，液体将从阻力最小的部位流出。

（3）液压设备故障

受压液体的以上特点在液压设备中十分有用，但是这也是大部分液压设备出现故障的根源。例如，如果挖掘机液压部件某处出现泄漏，液压油将从这里流出，如图 1-15 所示。配合部位松动或密封损坏是导致液压油泄漏的常见原因。

（4）液压系统压力

压力与流量结合产生液体压力。液压系统的液体压力来自何方？一部分来自液体重力，其余的来自负载。负载重量产生压力，压力的值主要取决于负载大小。

图 1-14　最小阻力通道示意图

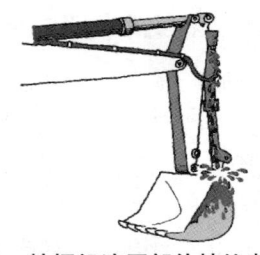
图 1-15　挖掘机液压部件某处出现泄漏

（5）压力和力的关系

根据帕斯卡定律可知，压力和力成正比，而和面积成反比，即：

$$p = \frac{F}{A}$$

式中，F 为力，p 为压力，A 为面积。

（6）流量和速度

流量是指在单位时间内流经管道某横截面处的液体体积。

根据加注到液压缸中的油液容量和活塞杆的运动距离，可以很容易地推导出流量和速度之间的关系。

如图 1-16 所示，油缸 A 长 2 米，容积为 10 升，油缸 B 长 1 米，容积也是 10 升。如果我们一分钟将 10 升液体分别泵入这两个油缸，两活塞杆将在一分钟内完成它们的全部行程。在这种情况下，油缸 A 中的活塞杆运动速度快，且是油缸 B 中活塞杆运动速度的两倍。这是因为在相同时间内它有两倍于油缸 B 中活塞杆的移动距离。这告诉我们，当两者流量相同时，内径小的油缸中活塞杆的运动速度比内径大的油缸中活塞杆的运动速度更快。

如果我们一分钟将 20 升液体泵入这两个油缸，将可以用前述操作一半的时间将油缸注满。活塞杆运动速度也是之前的两倍。

因此，我们有两种方法加快活塞杆运动的速度：一是减小油缸内径尺寸，二是增大流量。

活塞杆运动速度与流量成正比，与活塞杆面积成反比，即：

$$v = Q/A \text{ 或 } Q = vA$$

式中，v 为速度，Q 为流量，A 为面积。

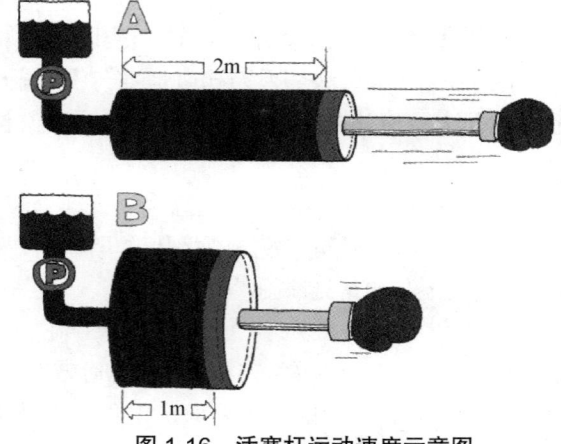
图 1-16　活塞杆运动速度示意图

项目习题

一、简述液压传动系统的组成及工作原理。

二、简述液压传动装置的优点和缺点。

三、查阅资料，写一篇小论文，论文中包含如下内容。
（1）液压传动技术的发展概况。
（2）中国液压技术的发展历程。

项目二　汽车起重机液压系统传动分析及其故障诊断与排除

【知识目标】
1. 掌握换向阀的工作原理。
2. 掌握液压缸和液压泵的工作原理。
3. 掌握单向阀和液压锁的工作原理。
4. 掌握直动型溢流阀和顺序阀的工作原理。

【技能目标】
1. 能够设计调压回路。
2. 能够设计手动换向回路。
3. 能够设计平衡回路。
4. 能够设计锁紧回路。
5. 能够读懂汽车起重机液压系统原理图。
6. 能够诊断并排除汽车起重机典型液压故障。

【素质目标】
1. 培养学生严谨细致、恪尽职守、追求卓越的品质。
2. 培养学生"干一行、敬一行"的职业精神和职业素养。

【思政故事】
胡双钱是上海飞机制造有限公司的高级技师，一位坚守航空事业35年、加工数十万飞机零件无一差错的普通钳工。对质量的坚守，已经是他融入血液的习惯。他心里清楚，一次差错可能就意味着无可估量的损失，甚至要以生命为代价。他用自己总结归纳的"对比复查法"和"反向验证法"，在飞机零件制造岗位上创造了35年零差错的纪录。

导　语

图 2-1 所示为大家非常熟悉的汽车起重机，它由哪些液压基本回路组成？为何采用这些基本回路？这些基本回路如何配合来完成工作呢？

项目二 汽车起重机液压系统传动分析及其故障诊断与排除

图 2-1 汽车起重机

任务 1　汽车起重机液压基本回路设计

1.1　手动换向回路设计

○ 任务描述

因汽车起重机作业工况的随机性较大，且动作频繁，所以大多采用弹簧复位的手动换向阀来控制其各个执行元件的动作。

○ 任务实施

一、课前准备

通过网络学习平台和图书资料，预习换向阀、液压缸、液压马达等相关知识。

二、任务引导

1. 新知识学习
1）换向阀概述
（1）换向阀的结构
换向阀由阀体、阀芯、操纵定位装置等组成。
常见的三位四通换向阀及其结构如图 2-2 所示，阀体、阀芯均有台肩和沉割槽，阀体内腔每个沉割槽对应一个外接油口。

13

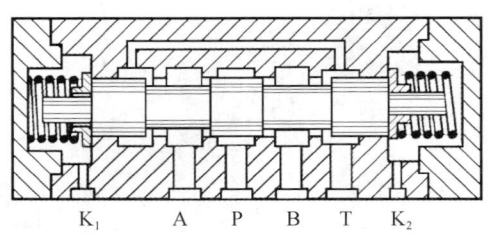

图 2-2　三位四通换向阀及其结构

（2）换向阀的工作原理

三位四通换向阀工作原理图如图 2-3 所示，当阀芯对阀体的相对位置发生改变，油口的通断关系发生改变，从而控制油路的通与断及执行元件的运向。

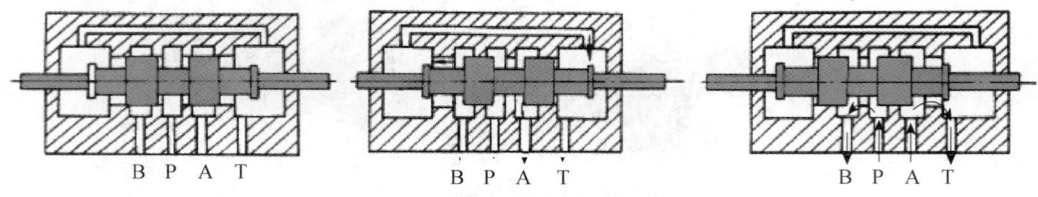

图 2-3　三位四通换向阀工作原理图

（3）换向阀的类型及职能符号

① 换向阀的分类

根据不同的分类依据，换向阀可分为不同类型，如表 2-1 所示。

表 2-1　换向阀的类型

分类依据	类型
阀芯	滑阀式、转阀式、球阀式
控制方式	手动、机动、电动、液动、电液动
位数	两位、三位、四位……
通数	两通、三通、四通……
阀芯定位方式	钢球定位式、弹簧复位式
安装方式	管式、板式、法兰式

认识换向阀

② 换向阀的职能符号

（a）位

位是指阀芯在阀体孔中的工作位置，阀芯有几个工作位置就称之为几位。比如，有两个位置就称之为"两位"，有三个位置就称之为"三位"，依此类推。图形符号图中"位"是用粗实线方格（或长方格）表示的，有几位就画几个方格来表示。

（b）常态位

换向阀都有两个或两个以上的工作位置，其中未受到外部操纵力作用时所处的位置为常态位。在液压原理图中，与换向阀职能符号连接的油路通常应画在其常态位上。

（c）通

通是指换向阀所控制的外接工作油口的数量。一个阀体上有几个工作油口（进油口和出油口）就是几通。

（d）阀体符号

将位和通的符号组合在一起就形成了阀体整体符号。

用箭头表示两油口连通，但不表示油流动的实际方向；用"⊥"或"⊤"表示油路被阀芯封闭。

表示油口的字母一般具有特定含义，具体如下：**P** 表示压力进油口；**T**（或 **O**）表示回油口；**A** 和 **B** 表示与执行元件连接的工作油口；**L** 表示泄漏油口；**K**（或 **X**）表示控制油口。

（e）控制方式及符号

换向阀常见的控制方式及其符号如图 2-4 所示。

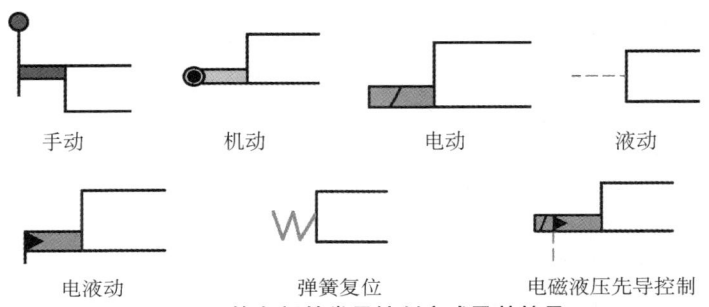

图 2-4　换向阀的常见控制方式及其符号

③ 换向阀职能符号的意义

左边施加外力，阀芯被推到右边时该工作位置称为左位，油口连通情况画到左边方框里，如图 2-5（a）所示；右边施加外力，阀芯被推到左边时，该工作位置称为右位，油口连通情况画到右边方框里，如图 2-5（b）所示；如果有中位，则将油口连通情况画到中间方框里。

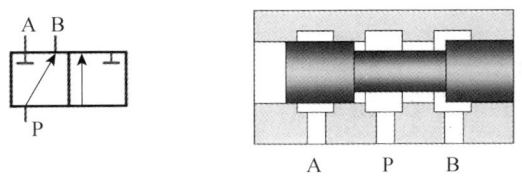

(a) 左位工作

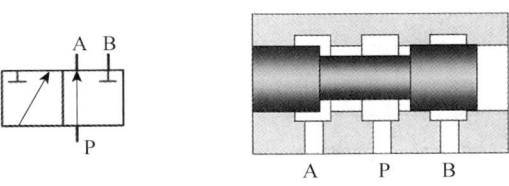

(b) 右位工作

图 2-5　换向阀职能符号

常见换向阀的职能符号，如图 2-6 所示。

（4）换向阀的中位机能

对于各种控制方式的三位四通和三位五通换向阀，阀芯在中间位置时，为适应各种不同的工作要求,各油口间的通路有各种不同的连接形式。这种处于中位时的内部通路形式,称为换向阀的中位机能。三位四通换向阀的中位机能如表 2-2 所示。

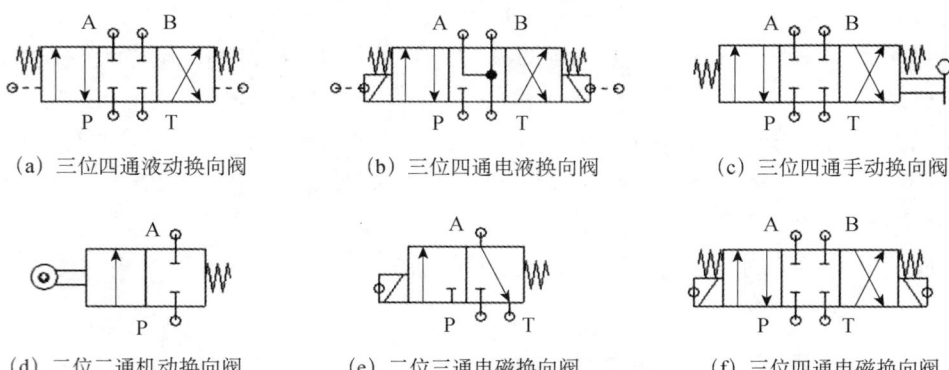

(a) 三位四通液动换向阀　　(b) 三位四通电液换向阀　　(c) 三位四通手动换向阀

(d) 二位二通机动换向阀　　(e) 二位三通电磁换向阀　　(f) 三位四通电磁换向阀

图 2-6　常见换向阀的职能符号

表 2-2　三位四通换向阀的中位机能

中位机能	滑阀状态和符号	特点
O		P、A、B、T 各油口全部关闭,泵保持压力,缸闭锁
H		P、A、B、T 各油口全部连通,系统卸荷,缸浮动
Y		T 油口与 A、B 两油口都连通,P 油口封闭,泵保持压力,缸浮动
P		P 油口与 A、B 两油口都连通,T 油口封闭,唯一的机能是实现差动连接
M		P、T 两油口连通,A、B 两油口封闭,系统卸荷,缸闭锁

2)手动换向阀

手动换向阀是用手动杠杆操纵阀芯换位的换向阀,主要有弹簧复位式和钢球定位式两种形式。

手动换向阀

(1) 弹簧复位式三位四通手动换向阀

弹簧复位式换向阀的阀芯,不能在左右两端位置上定位。推动手柄使阀芯相对阀体移动后,要想定位在左右两端位置上,必须用手扳住手柄不放,一旦松开手柄,阀芯会在弹簧弹力的作用下,自动弹回中位。这种换向阀适用于动作频繁、工作持续时间较短的各类工程机械的液压系统中。弹簧复位式三位四通手动换向阀的工作原理图和职能符号如图2-7所示,需要注意的是,向左扳手柄时,阀芯被推到右边,该工作位置是左位,各油口的连通情况画在左面方框里;向右扳手柄时,阀芯被推到左边,该工作位置是右位,各油口的连通情况画在右面方框里。

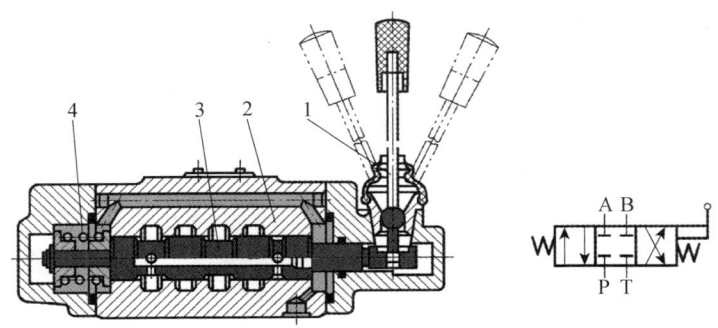

1—手柄　2—阀体　3—阀芯　4—复位弹簧

图2-7　弹簧复位式三位四通手动换向阀的工作原理图和职能符号

(2) 钢球定位式三位四通手动换向阀

钢球定位式换向阀的阀芯相对阀体移动后,可以通过钢球使阀芯稳定在三个不同的位置上,不必用手扳住手柄不放,需要换向时,才重新扳动手柄。这种阀操作比较安全,常用于机床、液压机、船舶等需要保持工作时间较长的工程机械的液压系统中。钢球定位式三位四通手动换向阀的工作原理图和职能符号如图2-8所示。

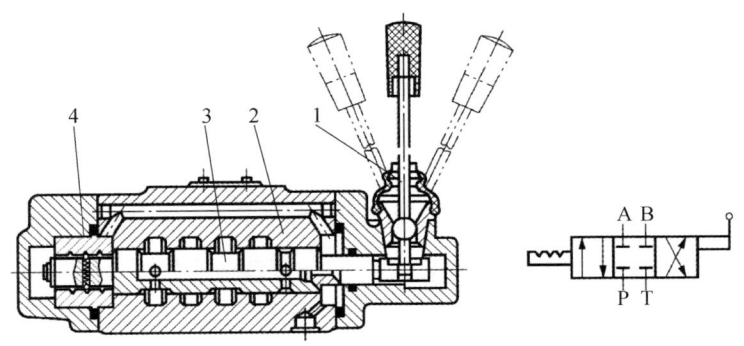

1—手柄　2—阀体　3—阀芯　4—定位钢球

图2-8　钢球定位式三位四通换向阀的工作原理和职能符号

(3) 手动换向阀的工作特点

手动换向阀的优点是动作灵活,操作方便,因为是人工操作,除了中位和左右两端位置外,阀芯可以在任何位置停留。可以通过轻微移动阀芯的位置,改变油口的通油面积,达到调速的目的,所以配有手动换向阀的回路里不必再使用调速元件。手动换向阀的缺点是需要工人频繁操作,劳动强度较大。

3）液压执行元件

液压执行元件可以将液压能转换成机械能，是实际工作的装置，包括线性执行元件和旋转执行元件两种。液压缸是线性执行元件，如图 2-9 所示，它输出的是力和直线运动；液压马达是旋转执行元件，如图 2-10 所示，它输出的是扭矩和旋转运动。

液压缸的种类繁多，按运动方式分为往复直线运动液压缸和往复摆动液压缸；按作用方式分为单作用液压缸和双作用液压缸；按结构特点可分为活塞式液压缸、柱塞式液压缸、摆动式液压缸、伸缩式液压缸等。其中，活塞式液压缸应用最多，活塞式液压缸又分为双杆式和单杆式两种。其中单杆活塞式液压缸因其正反两个行程性能不一样，在工程中得到广泛的应用。

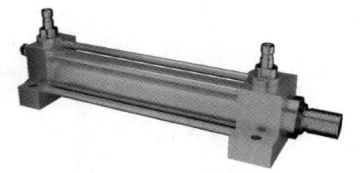
图 2-9 液压缸

图 2-10 液压马达

（1）活塞式液压缸的工作原理

活塞式液压缸是工程中最常使用的液压缸，它的内部密封腔被活塞杆分为无杆腔和有杆腔两部分。当无杆腔进油，有杆腔回油时，活塞杆伸出；反之，活塞杆缩回，活塞式液压缸工作原理图如图 2-11 所示。

液压缸工作的物理本质是：利用油液压力来克服负载，利用油液的流量来维持运动速度。液压缸的主要工作参数是油液的压力和流量。

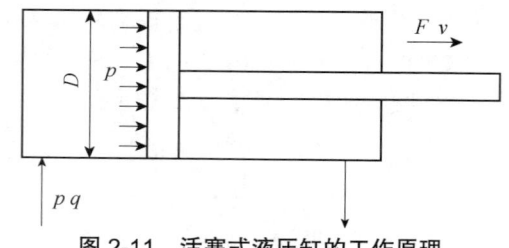

活塞缸

图 2-11 活塞式液压缸的工作原理

（2）活塞式液压缸性能参数计算

① 双杆活塞式液压缸

双杆活塞式液压缸的活塞杆两端都有一根直径相等的活塞杆伸出，其安装方式可以分为缸体固定和活塞杆固定两种。

活塞杆两端的活塞杆直径是相等的，进油口、出油口位于缸筒两端。

缸体固定双杆活塞式液压缸如图 2-12（a）所示，这种液压缸占地面积小，移动距离大（移动距离是活塞杆长度的 3 倍），适用于大型机械。

活塞杆固定双杆活塞式液压缸如图 2-12（b）所示，这种液压缸占地面积大，移动距离小（移动距离是活塞杆长度的 2 倍），适用于小型机械。

由于双杆活塞式液压缸两端的活塞杆直径通常是相等的，因此它左、右两腔的有效面积也相等。当分别向左、右腔输入相同压力和相同流量的油液时，液压缸左右两个方向的

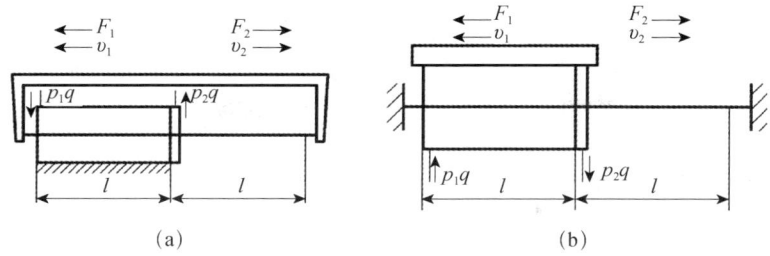

图 2-12 双杆活塞式液压缸

推力和速度相等。若活塞的直径为 D，活塞杆的直径为 d，液压缸进油腔、出油腔的压力分别为 p_1 和 p_2，输入流量为 q，双杆活塞式液压缸的推力 F 和速度 v 分别为

$$F = A(p_1 - p_2) = \frac{\pi}{4}(D^2 - d^2)(p_1 - p_2) \tag{2-1}$$

$$v = \frac{q}{A} = \frac{4q}{\pi(D^2 - d^2)} \tag{2-2}$$

式中，A 为液压油的有效工作面积。

② 单杆活塞式液压缸

单杆活塞式液压缸的特点是只在活塞的一端有活塞杆，液压缸两个腔的有效工作面积不相等。它的安装方式也可以分为缸体固定和活塞杆固定两种。无论采用哪种安装方式，其移动距离都为活塞杆长度的 2 倍。

若输入液压缸的油液流量为 q，液压缸进油腔和出油腔压力分别为 p_1 和 p_2，不考虑摩擦和泄漏。

如图 2-13 所示，当无杆腔进油，有杆腔回油时，活塞杆上产生的推力 F_1 和速度 v_1 分别为

$$F_1 = p_1 A_1 - p_2 A_2 \approx \frac{\pi D^2 p_1}{4} \tag{2-3}$$

$$v_1 = \frac{q}{A_1} = \frac{4q}{\pi D^2} \tag{2-4}$$

式中，A_1 为活塞的面积，A_2 为活塞减去活塞杆的面积。

如图 2-14 所示，当有杆腔进油，无杆腔回油时，活塞杆上产生的推力 F_2 和速度 v_2 分别为

$$F_2 = p_1 A_2 - p_2 A_1 \approx \frac{\pi(D^2 - d^2) p_1}{4} \tag{2-5}$$

$$v_2 = \frac{q}{A_2} = \frac{4q}{\pi(D^2 - d^2)} \tag{2-6}$$

式中，A_1 为活塞的面积，A_2 为活塞减去活塞杆的面积。

因为 $A_1 > A_2$，所以 $F_1 > F_2$。若把两个方向上的速度 v_1 和 v_2 的比值称为速度比，记作 λ_v，则

$$\lambda_v = \frac{v_2}{v_1} = \frac{1}{1 - (d/D)^2} \tag{2-7}$$

因此，活塞杆直径 d 越小，d/D 越接近于 0，活塞杆在两个方向上的速度差值也就越小，如果活塞杆较粗，活塞杆在两个方向上的速度差值就较大。在已知 D 和 λ_v 的情况下，可以较方便地求出 d。

如图 2-15 所示，当有杆腔和无杆腔连通时，称为差动连接。此时左右两腔压力相等，左腔的流量为右腔的回油量和泵的流量之和，活塞杆上产生的推力 F_3 和速度 v_3 分别为

$$F_3 = p_1(A_1 - A_2) = \frac{\pi d^2 p_1}{4} \tag{2-8}$$

$$v_3 = \frac{q}{A_1 - A_2} = \frac{4q}{\pi d^2} \tag{2-9}$$

式中，A_1 为活塞的面积，A_2 为活塞减去活塞杆的面积。

由上式可知，差动连接时活塞杆的推力比非差动连接时小，差动连接时活塞杆的运动速度比非差动连接时大。可以利用这一点，在不加大油液流量的情况下，使活塞杆得到较快的运动速度，这种连接方式被广泛应用于组合机床的液压动力滑台和其他机械设备的快速运动中。

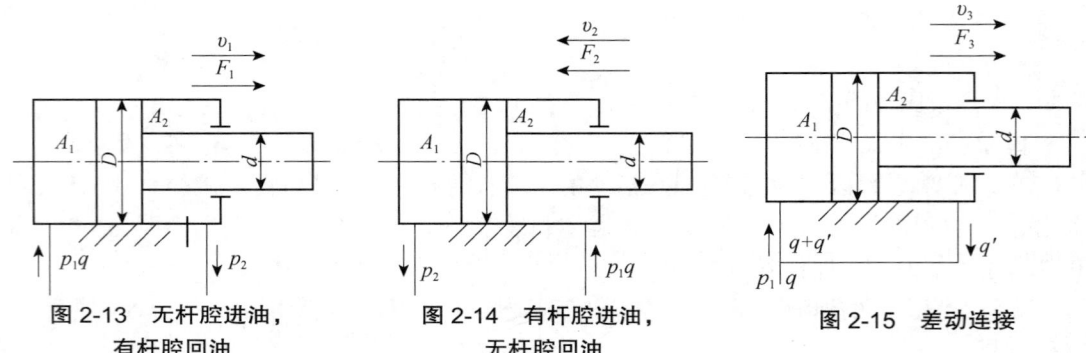

图 2-13　无杆腔进油，有杆腔回油　　　图 2-14　有杆腔进油，无杆腔回油　　　图 2-15　差动连接

（3）柱塞式液压缸

柱塞式液压缸分为单柱塞式液压缸和组合柱塞式液压缸，如图 2-16 所示。单柱塞式液压缸只能实现一个方向的运动，反向运动需要借助外力。用两个柱塞式液压缸可以组成组合柱塞式液压缸。柱塞式液压缸运动时，由缸盖上的导向套来导向，因此缸筒内壁不需要精加工。柱塞式液压缸特别适用于行程较长的场合中。

柱塞缸

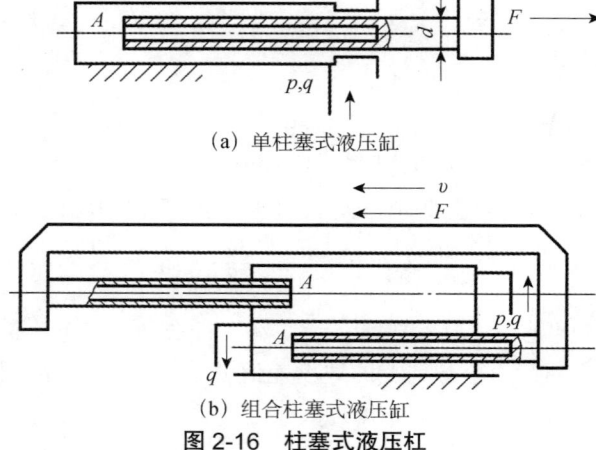

(a) 单柱塞式液压缸

(b) 组合柱塞式液压缸

图 2-16　柱塞式液压杠

（4）叶片摆动液压缸

叶片摆动液压缸分为单叶片摆动液压缸和多叶片摆动液压缸，如图 2-17 所示。单叶片摆动液压缸能转动的最大角度为 280°，多叶片摆动液压缸能转动的最大角度为 150°。

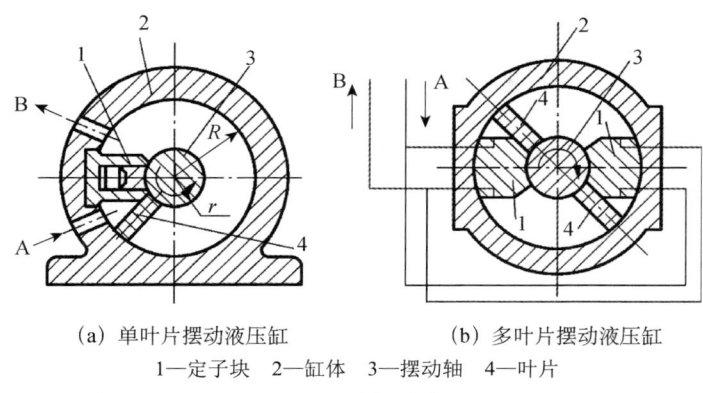

(a) 单叶片摆动液压缸 (b) 多叶片摆动液压缸
1—定子块 2—缸体 3—摆动轴 4—叶片

图 2-17 叶片摆动液压缸

（5）齿轮齿条摆动液压缸

齿轮齿条摆动液压缸是将液压缸的往复运动，通过齿条带动齿轮转化成齿轮轴的正向和反向摆动旋转，同时将液压缸往复的推力转化成齿轮轴的输出扭矩，如图 2-18 所示。由于齿轮轴的摆动角度与齿条的长度成正比，因此齿轮轴的摆角可以任意选择，并能大于 360°。

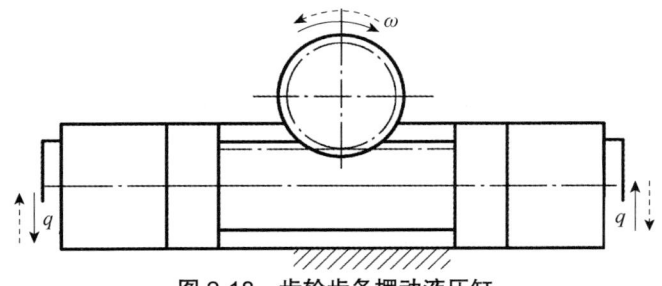

图 2-18 齿轮齿条摆动液压缸

（6）液压马达

像液压缸一样，液压马达也是执行元件，而且是一种旋转执行元件。液压马达的动作与液压泵相反。泵输出液体，而液压马达则由液体驱动。在液压传动中，液压泵和液压马达共同工作。液压泵受到机械机构驱动并将液体推至液压马达，来自液压泵的液体驱动液压马达，液压马达运动带动机械机构工作。液压马达分为齿轮式液压马达、叶片式液压马达和柱塞式液压马达等。

2. 模拟仿真

学生在教师指导下使用 FluidSIM 软件进行手动换向回路设计，并进行模拟仿真。

（1）汽车起重机的手动换向回路液压原理仿真图如图 2-19 所示，如果要使汽车起重机各支路能分别控制，请选用正确的三位四通换向阀中位填到"√"位置，并说明原因。

FluidSIM 软件学习入门

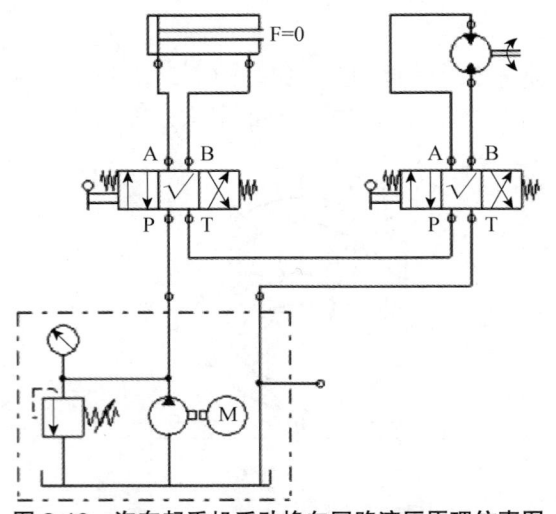

原因：

图 2-19 汽车起重机手动换向回路液压原理仿真图

注：图 2-19 中的字母 F 应为斜体，但由于 FluidSIM 软件生成的液压原理仿真图无法输出字母的斜体，此处为全书液压原理仿真图做出说明。

（2）写出液压油的传动路线。

活塞杆伸出时：

活塞杆缩回时：

液压马达顺时针转动时：

液压马达逆时针转动时：

3. 表 2-3 中列出了手动换向回路设计中用到的部分液压元件的职能符号，请将该表补充完整。

表 2-3 手动换向回路设计中使用的部分液压元件

序号	职能符号	元件名称	数量	作用
1	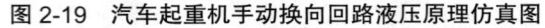			

22

续表

序号	职能符号	元件名称	数量	作用
2	$F=0$			
3				
4	A B / P T			

三、任务评价

请学生和教师填写任务检查评分表（见表2-4）。

表 2-4　任务检查评分表（手动换向回路设计）

序号	检查评分项目	自我检查结果	自我评分	组内检查结果	组内评分	小组互查结果	小组互评分	教师检查结果	教师评分
1	遵守安全操作规范（10分）								
2	态度端正，工作认真（10分）								
3	正确识别各元件的符号（20分）								
4	正确说出各元件的作用（20分）								
5	正确完成模拟仿真的全部内容（20分）								
6	正确排查回路故障（10分）								
7	做好6S管理工作（10分）								
合计									
总分									

1.2　调压回路设计

⊃ 任务描述

汽车起重机四个支腿的液压缸和其他液压缸需要的工作压力不一样。如果只使用一个液压泵供油,就需要设计二级调压回路。

⊃ 任务实施

一、课前准备

通过网络学习平台和图书资料,预习柱塞泵、齿轮泵、直动型溢流阀等相关知识。

二、任务引导

1. 新知识学习

1)动力元件

(1)液压泵概述

人体的心脏将血液输送到全身,液压泵就相当于液压系统的心脏。液压泵使油液运动并使油液进入工作状态。液压泵将机械能转换成受压液体的压力能和动能,是液压系统的动力元件。

① 液压泵的工作原理

在液压传动系统中,液压泵和液压马达都是容积式的,依靠容积变化进行工作。图 2-20 所示为单柱塞液压泵工作原理图,凸轮 1 旋转时,柱塞 2 在凸轮 1 和弹簧 4 的作用下,在缸体的柱塞孔内左右往复移动,缸体与柱塞 2 之间构成了容积可变的密封工作腔。柱塞 2 向右移动时,密封工作腔容积变大,产生真空,油液便通过单向阀 6 吸入;柱塞 2 向左移动时,密封工作腔容积变小,已吸入的油液便通过单向阀 5 排到液压系统中去。在工作过程中,单向阀 5 和单向阀 6 在逻辑上互逆,不会同时开启。由此可见,液压泵是靠密封工作腔的容积变化进行工作的。

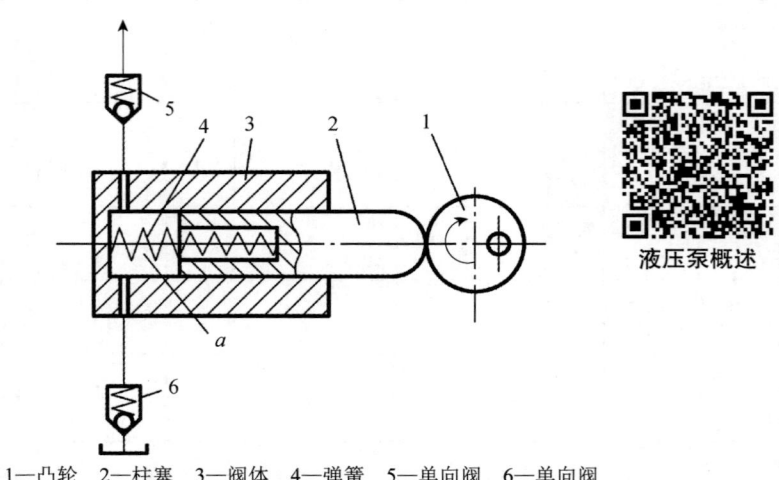

1—凸轮　2—柱塞　3—阀体　4—弹簧　5—单向阀　6—单向阀

图 2-20　单柱塞液压泵工作原理图

② 液压泵的类型

根据液压泵的结构,可将其分为齿轮泵、叶片泵、柱塞泵、螺杆泵;根据液压泵在单位时间内所能输出油液的体积是否可调，可将其分为变量泵和定量泵。

常见液压泵的职能符号如图 2-21 所示。

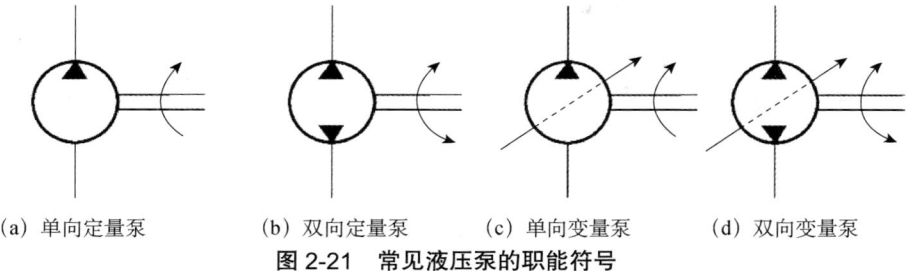

(a) 单向定量泵　　(b) 双向定量泵　　(c) 单向变量泵　　(d) 双向变量泵

图 2-21　常见液压泵的职能符号

③ 液压泵的性能参数

液压泵的基本性能参数包括液压泵的压力、排量、流量、功率等。

工作压力是指液压泵实际工作时的压力。对液压泵来说，工作时的压力是指它的输出压力。实际工作时的压力取决于相应的外负载。

额定压力是指液压泵在额定工况条件下按试验标准规定连续运转的最高压力。工作压力超过额定压力的情况称为过载。

排量是指液压泵的轴每转一周，由于其密封工作腔容积变化而排出油液的体积，也可以理解为在无泄漏的情况下，液压泵的轴转动一周时油液体积的变化量。

理论流量是指液压泵在单位时间内由于其密封工作腔容积变化而排出的油液体积。液压泵的理论流量为其转速与排量的乘积。

额定流量是指液压泵在正常工作条件下，按试验标准规定必须保证的流量，即在额定转速和额定压力下输出的油液体积。因为液压泵可能存在内泄漏，且油液具有压缩性，所以额定流量和理论流量是不同的。

液压泵由原动机驱动，输入量是扭矩和转速，输出量是油液的压力和流量。如果不考虑液压泵在能量转换过程中的能量损失，则其输出功率等于输入功率，其理论功率 P 为

$$P = pq = 2\pi T_t n \tag{2-10}$$

式中，T_t 为液压泵的理论转矩（N·m）；n 为液压泵的理论转速（r/min）；p 为液压泵的压力（Pa）；q 为液压泵的理论流量（m³/s）。

（2）轴向柱塞泵

轴向柱塞泵分为斜轴式和斜盘式两种。斜轴式轴向柱塞泵结构较陈旧，应用范围也不如斜盘式轴向柱塞泵广，故此处以斜盘式轴向柱塞泵为例进行讲解。

如图 2-22 所示，斜盘式轴向柱塞泵由缸体、配油盘、柱塞、斜盘、传动轴等零件组成。斜盘式轴向柱塞泵工作时，斜盘 4 和配油盘 2 是不动的，传动轴 5 带动缸体 1 和柱塞 3 一起转动，柱塞 3 靠弹簧弹力和液压油的压力压紧在斜盘 4 上。

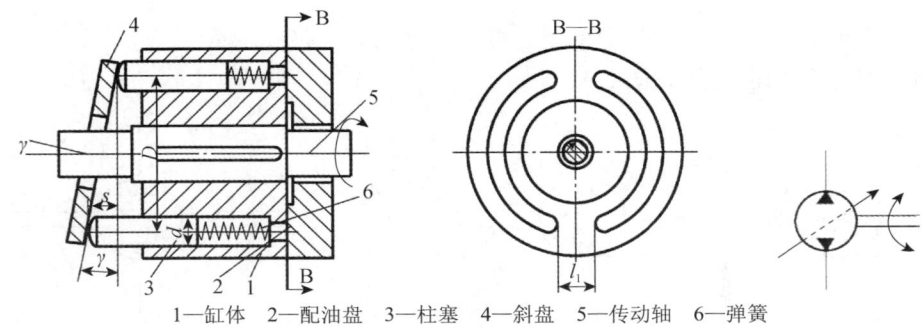

1—缸体　2—配油盘　3—柱塞　4—斜盘　5—传动轴　6—弹簧

图 2-22　斜盘式轴向柱塞泵的工作原理图和职能符号

① 斜盘式轴向柱塞泵的工作原理及特点

当传动轴 5 按图 2-22 所示方向旋转时，柱塞 3 在其沿斜盘自上而下旋转的半周内，逐渐向缸体 1 外伸出，使缸体 1 内密封工作腔容积不断增加，产生局部真空，从而将油液经配油盘 2 上的吸油口吸入。柱塞 3 在其自下而上旋转的半周内，又逐渐向缸体 1 内推入，使密封工作腔容积不断减小，将油液从配油盘 2 上的压油口向外排出。缸体每转一周，每个柱塞往复运动一次，完成一次吸油和一次压油动作。

轴向柱塞泵

斜盘式轴向柱塞泵是一种变量泵，改变斜盘的倾角 δ，就可以改变密封工作腔容积，从而改变斜盘式轴向柱塞泵的排量。

斜盘式轴向柱塞泵的结构如图 2-23 所示，转动手轮 1，螺杆 12 随之转动，滑块 10 便上下移动，带动斜盘 2 绕其中心转动，从而改变斜盘的倾角 δ，调整泵的排量。

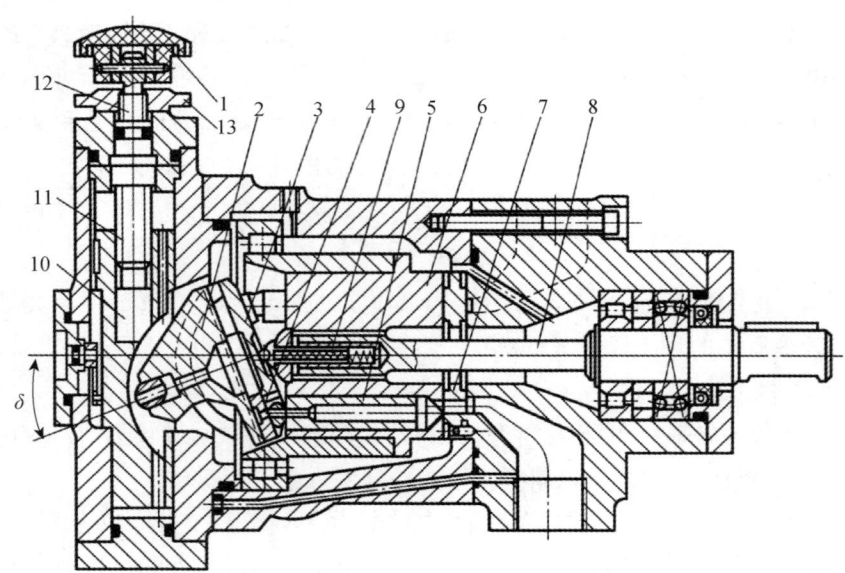

1—手轮　2—斜盘　3—回程盘　4—滑履　5—柱塞　6—缸体　7—配油盘　8—传动轴
9—弹簧　10—滑块　11—变量活塞杆　12—螺杆　13—锁紧螺母

图 2-23　斜盘式轴向柱塞泵结构图

斜盘式轴向柱塞泵的柱塞是轴向布置的，液压油对缸体的合力沿轴线方向，传动轴不会受到径向不平衡力，也就不会发生弯曲变形。所以斜盘式轴向柱塞泵的工作压力不受泵本身结构的限制，可以作为高压系统的动力源，是一种高压泵。

② 滑靴的作用

滑靴，顾名思义，可以理解为滑动的鞋。柱塞的头部装有滑靴，就相当于给柱塞头部穿上鞋子，起到保护柱塞的作用，滑靴如图 2-24 所示。柱塞头部钢球和滑靴结合，并由弹簧将它们压靠在斜盘上。为了适应斜盘的不同倾角，滑靴与柱塞间采用球铰链连接，使滑靴可以随意转动。另外，在滑靴与斜盘相接触的部分有一个小油室，液压油通过柱塞中间的小孔进入油室，在滑靴与斜盘之间形成一层油膜，在发挥静压支承作用的同时，使摩擦、磨损和发热等情况大为改善。

 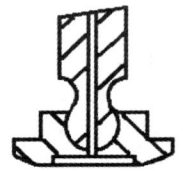

(a) 没有磨损的滑靴　　(b) 已经磨损的滑靴

图 2-24　滑靴

理论与实验分析表明，轴向柱塞泵柱塞的数量为奇数时，泵的流量脉动小。因此，轴向柱塞泵柱塞的数量是奇数，通常为 7 个、9 个、11 个。

（3）径向柱塞泵

如图 2-25 所示，径向柱塞泵由定子、转子、柱塞、衬套和配油轴等零件组成。定子 4 和转子 2 偏心安装，偏心量为 e。在转子 2 上均匀分布 5 个径向的柱塞孔，柱塞被安装在柱塞孔内并可以往复滑动。在离心力的作用下，柱塞始终和定子内表面接触。柱塞和柱塞孔组成密封工作腔。径向柱塞泵的柱塞是径向布置的。

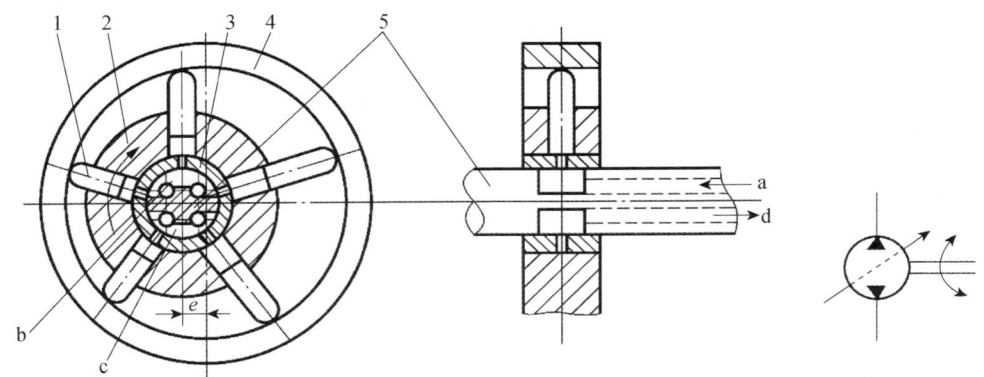

1—柱塞　2—转子　3—衬套　4—定子　5—配油轴　a、d—轴向小孔　b—吸油口　c—压油口

图 2-25　径向柱塞泵的工作原理图和职能符号

① 径向柱塞泵的工作原理及特点

转子 2 按图 2-25 所示方向旋转，当柱塞转到上半周时，在离心力的作用下向外伸出，柱塞底部密封工作腔容积会逐渐增大，形成部分真空，从配油轴 5 的吸油口 b 吸油。当柱塞转到下半周时，定子 4 的内壁将柱塞向里推，柱塞底部密封工作腔的容积逐渐减小，向配油轴的压油口 c 压油。转子旋转一周，每个柱塞底部的密封工作腔容积完成一次吸油和一次压油。转子连续运转，径向柱塞泵完成连续吸油和压油工作。

径向柱塞泵

径向柱塞泵是一种变量泵，其输出流量受偏心距 e 大小的控制。水平移动定子可以调节偏心距。若偏心的方向发生改变，吸油口和压油口也随之互相变换，形成双向变量泵。

径向柱塞泵只有一个吸油区，一个压油区。因为吸油区油的压力低于压油区油的压力，所以传动轴受到的径向力不平衡，而且压油区压力越高，不平衡力越大，传动轴越容易发生弯曲变形，加剧磨损。为了减小径向不平衡力，径向柱塞泵压油区的工作压力受到限制，一般不允许超过 7 MPa。因此，径向柱塞泵是一种中低压变量泵。

理论与实验分析表明，径向柱塞泵柱塞的数量为奇数时，径向柱塞泵的流量脉动小。因此，径向柱塞泵柱塞的个数是奇数。

径向柱塞泵的径向尺寸大、结构复杂、自吸能力差，且配油轴易受到径向不平衡力作用而出现磨损，限制了径向柱塞泵转速和压力的提高。因此，径向柱塞泵近年来的用量开始减少，已逐渐被轴向柱塞泵所替代。

（4）齿轮泵

齿轮泵有外啮合齿轮泵、内啮合齿轮泵两种类型。其中外啮合齿轮泵因其结构简单、价格便宜、可靠性高，在工业上应用最为广泛。外啮合齿轮泵的工作原理和职能符号如图 2-26 所示，它由泵体、前端盖、后端盖、齿轮和传动轴等零件组成。泵体、端盖和齿轮构成内部密封工作容腔。

齿轮泵

① 外啮合齿轮泵的工作原理

如图 2-26 所示，电动机带动主动轮转动时，主动轮带动从动轮转动，主动轮和从动轮之间至少有一对齿处于啮合状态。啮合的轮齿把密封容腔分为两部分。在左面的密封容腔里，随着齿轮的转动，啮合的轮齿逐渐脱开啮合，密封容积由小变大，向内吸油。在右面的密封容腔里，随着齿轮的转动，轮齿逐渐进入啮合，密封容积由大变小，向外压油。齿轮不停转动，泵就不停吸油和压油。另外，啮合轮齿的接触线一直分隔压油腔和吸油腔，起到配流的作用，所以齿轮泵不需要设置专门的配流装置。

齿轮泵内部，齿轮相对于泵体的位置不能变动，每转一转，密封容积的变化量也就始终不变，所以齿轮泵是定量泵。

齿轮泵只有一个吸油区和一个压油区。因为压油区油的压力大于吸油区油的压力，所以齿轮轴受到的径向力不平衡，如图 2-27 所示。压油区压力越高，不平衡力越大，齿轮轴越容易发生弯曲变形，使齿顶和泵体接触，加剧磨损，同时也会加速轴承的磨损，降低轴承的使用寿命。为了减小不平衡力，齿轮泵压油区的工作压力受到限制，一般不允许超过 7 MPa，所以齿轮泵是一种中低压定量泵。

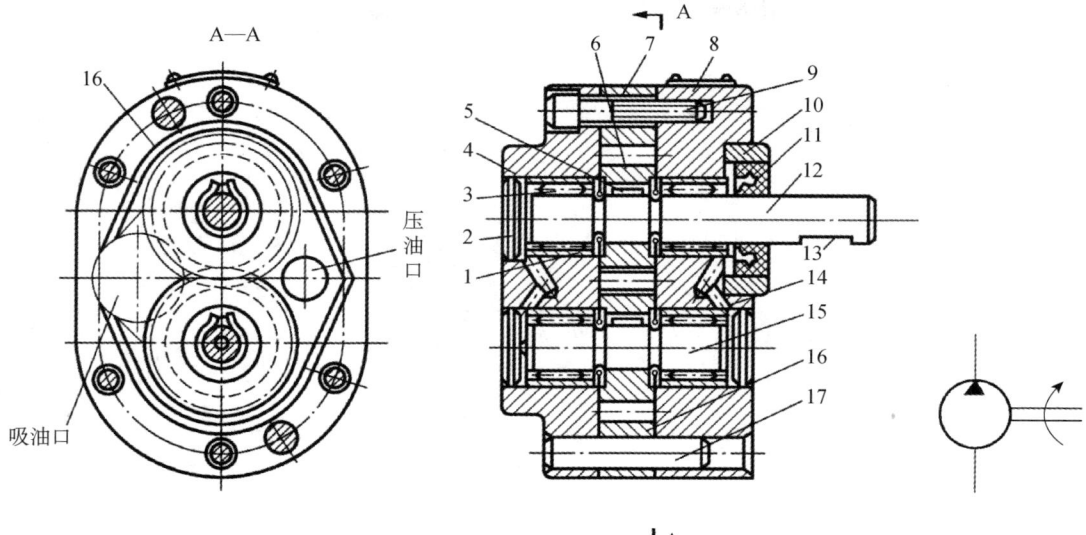

1—弹簧挡圈 2—压盖 3—轴承 4—后盖 5—键 6—齿轮 7—泵体 8—前盖 9—螺钉 10—密封座
11—密封环 12—长轴 13—键槽 14—润滑孔 15—短轴 16—齿轮 17—定位销

图 2-26 外啮合齿轮泵的工作原理图及职能符号

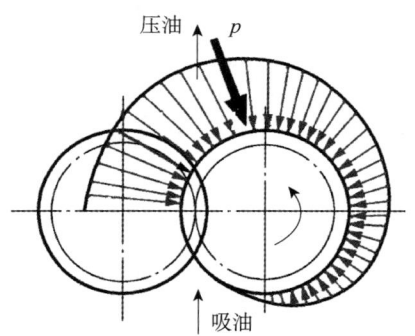

图 2-27 齿轮泵径向不平衡力分布

② 减小齿轮泵内部泄漏的途径

为了保证齿轮正常转动，齿轮和泵体内壁之间的径向间隙和前端盖、后端盖之间的轴向间隙是必须保留的，这样就造成压油区的油通过径向间隙和轴向间隙向吸油区泄漏的现象。另外，在齿轮啮合部位，压油区的油也有可能向吸油区泄漏。其中，前者是引起齿轮泵内部泄漏的主要原因。为了减少齿轮泵内部泄漏，一般采用浮动轴套进行轴向间隙自动补偿，将齿轮泵压油口的液压油引入到浮动轴套的外侧，在液压油压力的作用下，浮动轴套紧贴齿轮的端面，可以减小齿轮泵轴向间隙，减少泄漏，齿轮泵轴向间隙补偿示意图如图 2-28 所示。另外，还可以选择增加浮动侧板或挠性侧板的方式减少泄漏，如图 2-29 所示。

③ 困油现象

当齿轮有两对齿同时啮合时，这两对齿之间会形成一个与吸油腔和压油腔均不相通的闭死容积，当齿轮转动时，闭死容积的体积会发生变化。当闭死容积由大变小时，内部压力急剧升高，会对轮齿产生一个较大的附加载荷；当闭死容积由小变大时，内部压力急剧降低，液压油中的空气析出，产生气泡，会引起振动和噪声。这种现象称为齿轮泵困油现象，如图 2-30 所示。解决困油现象的方法是在齿轮泵的前端盖和后端盖上各开两个卸荷槽，使闭死容积在由小变大时与吸油区相通，在由大变小时与压油区相通。但两个卸荷槽之间要保留一定的距离，保证吸油区和压油区的油液不通过卸荷槽连通。

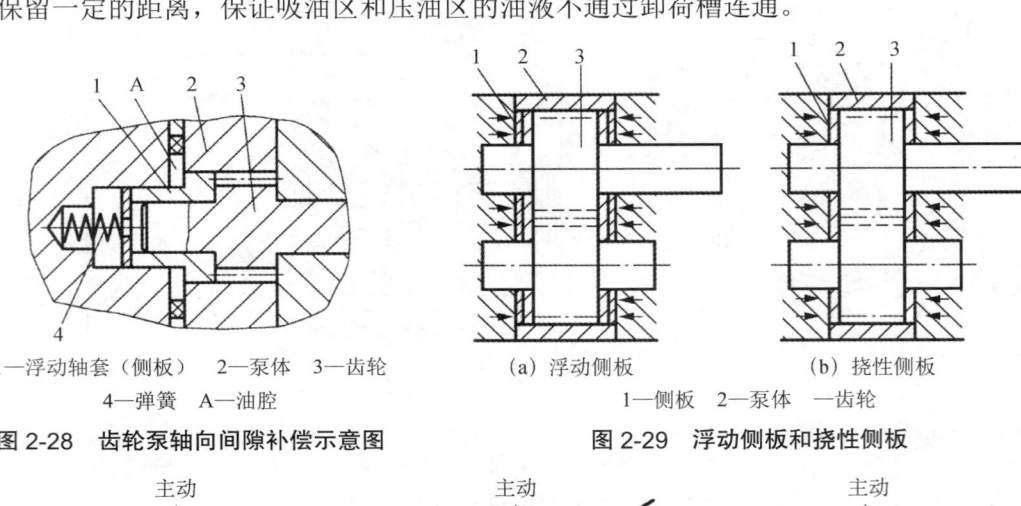

图 2-28 齿轮泵轴向间隙补偿示意图

1—浮动轴套（侧板） 2—泵体 3—齿轮
4—弹簧 A—油腔

图 2-29 浮动侧板和挠性侧板

1—侧板 2—泵体 —齿轮

图 2-30 齿轮泵困油现象

2）直动型溢流阀

直动型溢流阀的结构图及职能符号如图 2-31 所示，P 口是进油口，T 口是回油口，一般情况下，溢流阀与液压泵并联，P 口接液压泵的出油口，T 口接油箱。

① 直动型溢流阀的工作原理

油液通过进油口 P 经阀芯 3 中间的阻尼孔作用在阀芯 3 底部端面上，当进油口 P 从系统接入的油液压力不高时，阀芯 3 被调压弹簧 2 压在阀座上，阀口关闭，直动型溢流阀不通油。当进油口 P 压力升高到能克服弹簧阻力时，推开阀芯，阀口打开，油液就由进油口 P 流入，再从回油口 T 流回油箱（溢流），进油口压力也就不再继续升高，所以溢流阀的调定压力就是整个液压回路的最高工作压力。

② 直动型溢流阀调压

如图 2-31 所示，转动调压手轮 1，就可以改变调压弹簧的压缩量，从而改变溢流阀的调定压力，即改变整个液压回路的最高工作压力。工作之前，首先要根据工作需要调节溢流阀的调定压力。调节时，转动调压手轮 1，通过压力表观察压力值的变化，直至调到合适的压力值为止。

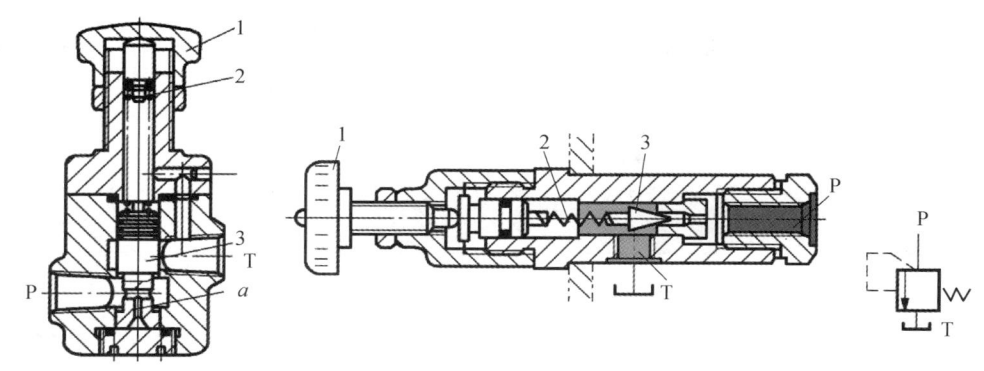

1—调压手轮　2—调压弹簧　3—阀芯

图 2-31　直动式溢流阀的结构图及职能符号

2. 模拟仿真

学生在教师指导下使用 FluidSIM 软件进行调压回路设计，并进行模拟仿真。

（1）请分析如图 2-32 所示调压回路液压原理仿真图，并说明该回路能实现二级调压的原因。

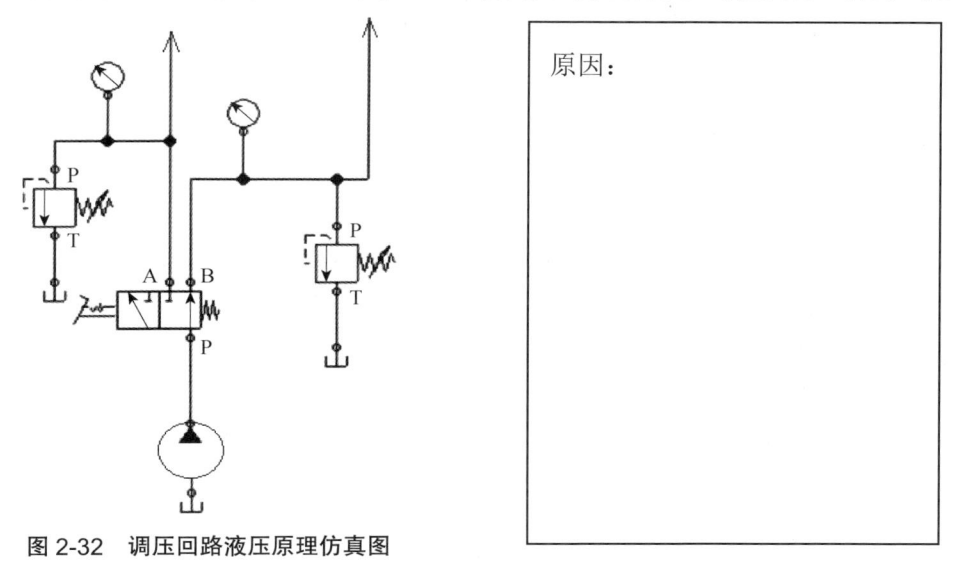

图 2-32　调压回路液压原理仿真图

原因：

（2）在包含定量泵的液压系统中，溢流阀的作用是什么？

3. 表 2-5 中列出了调压回路设计中用到的部分液压元件的职能符号，请将该表补充完整。

表 2-5　调压回路设计中使用的部分液压元件

序号	职能符号	元件名称	数量	作用
1	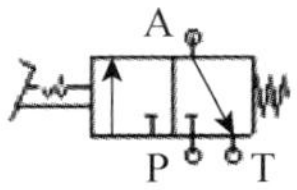			

续表

序号	职能符号	元件名称	数量	作用
2	(P/T 符号)			
3				
4				

三、任务评价

请学生和教师填写任务检查评分表（见表2-6）。

表2-6　任务检查评分表（调压回路设计）

序号	检查评分项目	自我检查结果	自我评分	组内检查结果	组内评分	小组互查结果	小组互评分	教师检查结果	教师评分
1	遵守安全操作规范（10分）								
2	态度端正，工作认真（10分）								
3	正确识别各元件的符号（20分）								
4	正确说出各元件的作用（20分）								
5	正确完成模拟仿真的全部内容（20分）								
6	正确排查回路故障（10分）								
7	做好6S管理工作（10分）								
合计									
总分									

1.3　锁紧回路设计

◐ 任务描述

汽车起重机的四根支腿实际就是四个液压缸。汽车起重机工作时，四根支腿承受的负载较大。为了保证四根支腿不发生内缩，需要用锁紧回路对其进行锁紧。

⊃ 任务实施

一、课前准备

通过网络学习平台和图书资料,预习普通单向阀、液控单向阀、液压锁等相关知识。

二、任务引导

1. 新知识学习

1)普通单向阀

普通单向阀就是只允许液压油朝一个方向流动,而反向截止的控制阀。为了提高反向的密封性能,普通单向阀一般使用圆锥阀芯。普通单向阀与油路的连接方式分为管式连接和板式连接。

普通单向阀

(1)普通单向阀的工作原理

普通单向阀的结构图和职能符号如图 2-33 所示。液压油从阀体左侧的油口 P_1 进入并作用在阀芯 2 处,推动阀芯 2 克服弹簧 3 的作用力向右移动,液压油经阀芯 2 的径向孔 a、轴向孔 b 从阀体右侧油口 P_2 流出,使油路接通;但当液压油从阀体右侧流入时,液压力和弹簧力一起使阀芯 2 紧紧压在阀体 1 上,阀口关闭,液压油不能通过。

(2)普通单向阀的作用

普通单向阀安装在液压泵的出口位置,可以防止液压系统压力突然升高时,液压油倒流,损坏液压泵。为了使普通单向阀动作灵敏可靠,且通油时压力损失小,普通单向阀的弹簧要选用刚度较小的软弹簧,其开启压力一般为 0.035~0.05 MPa。

也可将普通单向阀安装在回油路中,作为背压阀使用,但要将普通单向阀中的弹簧换成刚度较大的弹簧,使其开启压力达到 0.2~0.6 MPa,才能达到使液压缸回油腔产生背压的效果。

普通单向阀单纯作为单向阀使用时,需要满足两点要求:①液压油正向通过时的压力损失要小;②方向截至不通油时密封性要好。

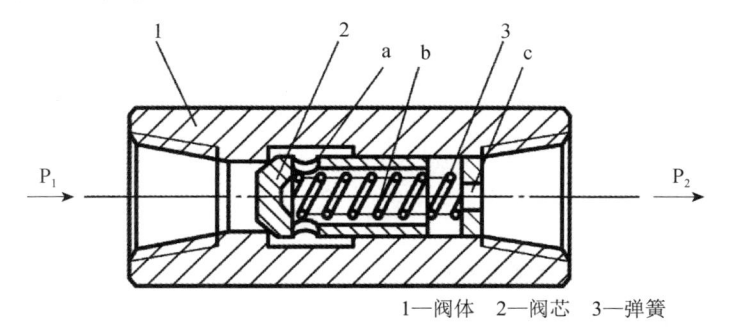

1—阀体 2—阀芯 3—弹簧

图 2-33 普通单向阀的结构图和职能符号

2)液控单向阀

液控单向阀是既可以实现普通单向阀的功能,又可以依靠控制流体压力实现反向流动的单向阀,其结构图和职能符号如图 2-34 所示。液控单向阀在普通单向阀的基础上增加了控制活塞和控制口 K。

液控单向阀

（1）液控单向阀的工作原理

如图 2-34 所示，液控单向阀的正向和普通单向阀一样，液压油从进油口 P_1 进入，从出油口 P_2 流出。液压单向阀的反向通或不通，由控制口 K 进行控制。当控制口 K 进油时，液压油推动控制活塞 1 向右移动，活塞杆 2 顶开单向阀阀芯 3，液压油就能从出油口 P_2 流向进油口 P_1，实现反向通油。当控制口 K 出油或不通液压油时，单向阀阀芯 3 在弹簧弹力的作用下复位，液压油只能从进油口 P_1 流向出油口 P_2，不能反向倒流。

控制口K 泄漏口L 进油口P_1 出油口P_2

1—控制活塞 2—活塞杆 3—单向阀阀芯

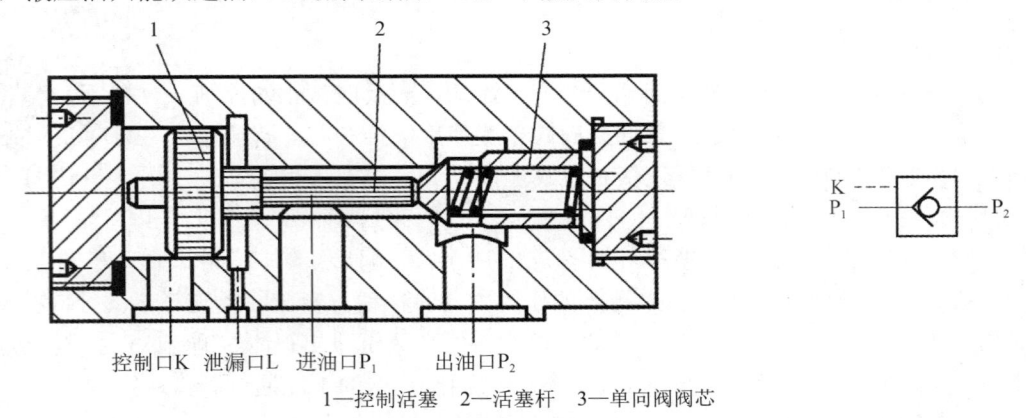

图 2-34 液控单向阀的结构图和职能符号

3）液压锁

汽车起重机、泵车等液压设备工作时，需要伸出四条支腿支撑负载。四条支腿实际上就是四个液压缸伸出的四根活塞杆。为了避免活塞杆因为漏油向缸体内缩回造成支腿变短，一般使用液压锁锁紧活塞杆。

（1）液压锁的工作原理

液压锁的结构图和职能符号如图 2-35 所示，它实际上是由两个液控单向阀组成的。两个液控单向阀共用一个控制活塞 4。当 A 油口进油时，推开单向阀阀芯 2，C 油口出油，A 油口和 C 油口通油。同时，控制活塞 4 在液压油的作用下，向右移动，推开单向阀阀芯 6，使右边单向阀反向通油，D 油口和 B 油口通油。当 B 油口进油时，推开单向阀阀芯 6，D 油口出油，B 油口和 D 油口通油。同时，控制活塞 4 在液压油的作用下，向左移动，推开单向阀阀芯 2，使左边单向阀反向通油，C 油口和 A 油口通油。当 A 油口和 B 油口都出油时，单向阀阀芯 2 和单向阀阀芯 6 在弹簧弹力的作用下复位，控制活塞 4 也回到中间位置，两个单向阀反向都关闭。

液压锁

（2）液压锁的应用

如图 2-36 所示，液压锁工作时，A、B 两油口接换向阀，C、D 两油口接液压缸。当换向阀左位工作时，液压锁 A 油口进油，此时 A 油口和 C 油口通油，D 油口和 B 油口通油，液压缸左腔进油，右腔回油，活塞杆伸出。同理，当换向阀右位工作时，活塞杆也能缩回。重点是当换向阀在中位时，A、B 两油口的液压油通过换向阀中位流回油箱，单向阀阀芯 2 和单向阀阀芯 6 在弹簧弹力的作用下复位，单向阀反向关闭，液压缸左腔和右腔里的液压油都被锁到里面，因为单向阀是锥阀芯，反向密封性能较好，能长时间锁住液压油，活塞杆也就能长时间不缩回，起重机等设备的四条支腿也就不会因"发软"而变短。

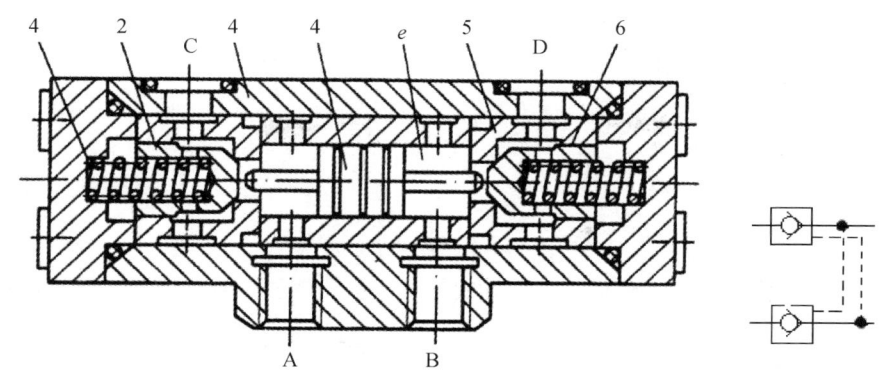

1—弹簧　2、6—单向阀阀芯　3—阀体　4—控制活塞杆　5—单向阀阀体

图 2-35　液压锁的结构图和职能符号

（3）使用液压锁时的注意事项

通过以上分析不难看出，换向阀在中位时，液压锁里面的单向阀必须反向关闭，才能起到锁紧活塞杆的作用。这就需要液压锁 A、B 两油口的液压油能通过换向阀中位流回油箱，所以与液压锁配合使用的换向阀最好为 Y 型中位或 H 型中位。

2. 模拟仿真

学生在教师指导下使用 FluidSIM 软件进行锁紧回路设计，并进行模拟仿真。

（1）请分析如图 2-36 所示锁紧回路液压原理仿真图，把控制口 X 连接到合适的油路上，正确选用三位四通换向阀并在"√"处补全其中位，说明做出这种选择的原因。

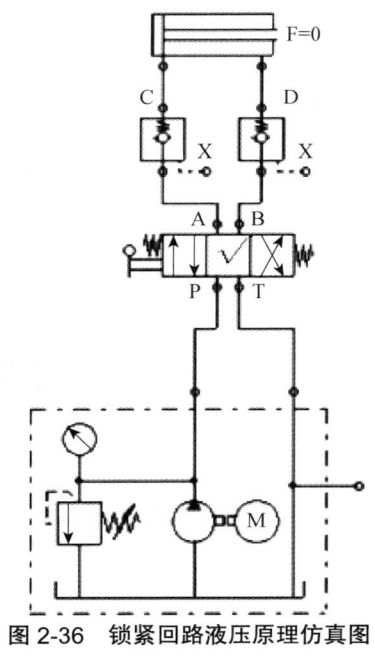

图 2-36　锁紧回路液压原理仿真图

原因：

（2）写出液压油的传动路线。

活塞杆伸出时：

活塞杆缩回时：

中位锁紧时：

3. 表2-7中列出了锁紧回路设计中用到的部分液压元件的职能符号，请将该表补充完整。

表2-7　锁紧回路设计所使用的部分液压元件

序号	职能符号	元件名称	数量	作用
1				
2				
3				
4				

三、任务评价

请学生和教师填写任务检查评分表（见表2-8）。

表2-8　任务检查评分表（锁紧回路设计）

序号	检查评分项目	自我检查结果	自我评分	组内检查结果	组内评分	小组互查结果	小组互评分	教师检查结果	教师评分
1	遵守安全操作规范（10分）								
2	态度端正，工作认真（10分）								
3	正确识别各元件的符号（20分）								
4	正确说出各元件的作用（20分）								

续表

序号	检查评分项目	自我检查结果	自我评分	组内检查结果	组内评分	小组互查结果	小组互评分	教师检查结果	教师评分
5	正确完成模拟仿真的全部内容（20分）								
6	正确排查回路故障（10分）								
7	做好 6S 管理工作（10分）								
合计									
总分									

1.4 平衡回路设计

⊃ 任务描述

为防止汽车起重机吊臂、变幅缸在重力作用下自行收缩，需要设置平衡回路，提高变幅运动的可靠性。

⊃ 任务实施

一、课前准备

通过网络学习平台和图书资料，预习顺序阀、单向顺序阀等相关知识。

二、任务引导

1. 新知识学习

1）顺序阀

一个液压系统可能有两个或两个以上的液压缸，为了准确完成整个工作过程，各个液压缸的活塞杆需要按一定的顺序伸出和缩回。许多自动化设备经常使用行程开关、压力继电器和顺序阀等元件，实现活塞杆动作顺序的自动切换。

顺序阀

顺序阀按结构可分为直动型和先导型两种。先导型顺序阀因泄漏较严重，在工业上应用较少。

（1）直动型顺序阀的工作原理

直动型顺序阀的结构图和职能符号如图 2-37 所示，除了阀体、阀芯、调压弹簧和调压螺母之外，在阀芯的下端增加了一个控制柱塞，柱塞的横截面积远远小于阀芯的横截面积。引入的液压油作用到控制柱塞上，产生向上的推力 $p·A$，推力 $p·A$ 与弹簧弹力 $k·x$ 共同作用在控制柱塞上（p 为油液压力，A 为控制柱塞横截面积，k 为弹簧刚度系数，x 为弹簧压缩量）。当 $p·A<k·x$ 时，阀芯不动，直动型顺序阀关闭，不通油；当 $p·A \geqslant k·x$ 时，阀芯上移，直动型顺序阀打开，通油。不难看出，直动型顺序阀的开启压力 $p=\dfrac{k·x}{A}$。转动调压螺母，

可以改变弹簧的压缩量 x，也就可以改变直动型顺序阀开启压力的大小。因控制柱塞的横截面积 A 较小，即使弹簧的刚度系数 k 也较小，仍然可以将顺序阀的开启压力调至较高值，所以直动型顺序阀可以使用软弹簧。弹簧越软，弹簧的压缩量有微小变化时，对调定压力的影响越小，调压精度也就越高，所以直动型顺序阀的调压精度比溢流阀的调压精度要高得多，能最大限度避免顺序动作出错。

（2）直动型顺序阀的类型

直动型顺序阀上盖和下盖的位置是可以变动的，改变上盖和下盖的位置，可以改变直动型顺序阀的控制方式和泄油方式。当油液由进油口引入时，称为内控；当油液由外控口引入时，称为外控。当弹簧腔等处泄漏的油液通过出油口流入到后面的液压元件时，称为内泄；当油液通过泄油口流回油箱时，称为外泄。所以，直动型顺序阀有内控内泄、内控外泄、外控内泄、外控外泄四种类型。实际上，这四种类型是同一个直动型顺序阀的上盖和下盖处于不同位置而形成的四种不同形式的顺序阀。

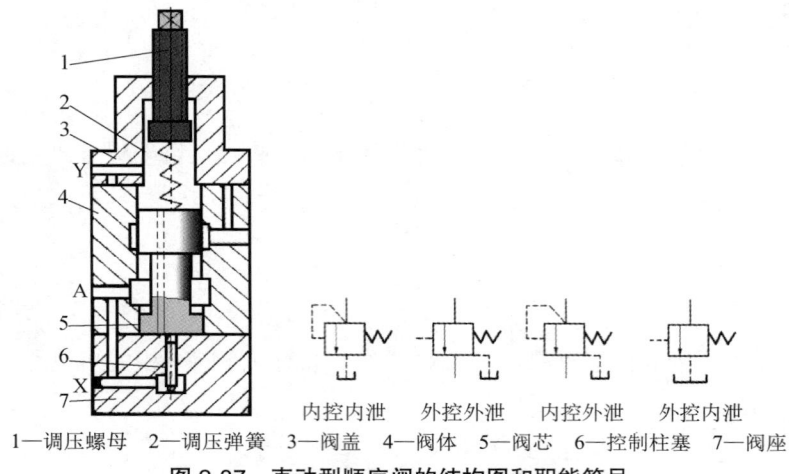

1—调压螺母　2—调压弹簧　3—阀盖　4—阀体　5—阀芯　6—控制柱塞　7—阀座

图 2-37　直动型顺序阀的结构图和职能符号

2）单向顺序阀

单向顺序阀是顺序阀内部组装有单向阀的液压元件，其结构图和职能符号如图 2-38 所示。当油液从正向流入时，单向阀关闭，顺序阀工作，油液经顺序阀通过；当油液从反向流入时，油液经单向阀自由通过，顺序阀不工作。单向顺序阀可用以防止执行机构（如油缸等）因自重而自行下滑，起平衡支承的作用，故单向顺序阀也称为平衡阀。

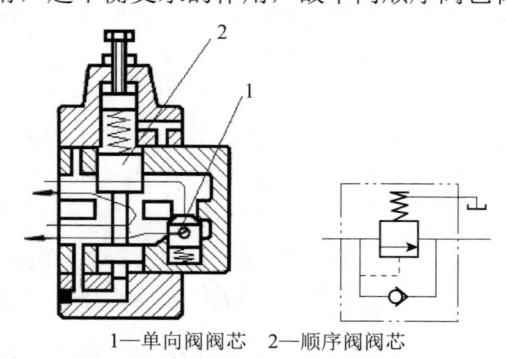

1—单向阀阀芯　2—顺序阀阀芯

图 2-38　单向顺序阀的结构图和职能符号

2. 模拟仿真

学生在教师指导下使用 FluidSIM 软件进行平衡回路设计，并进行模拟仿真。

（1）将如图 2-39 所示平衡回路液压原理仿真图补全，并说明原因。

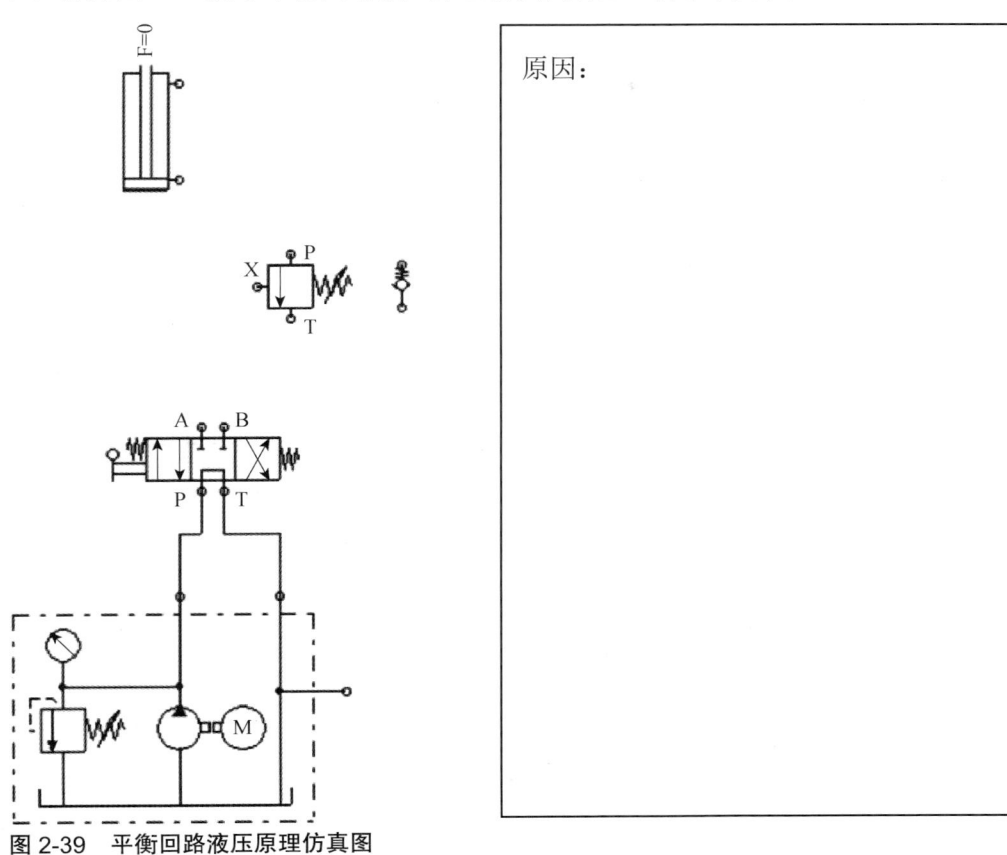

原因：

图 2-39　平衡回路液压原理仿真图

（2）写出液压油的传动路线。

活塞杆伸出时：

活塞杆缩回时：

（3）查阅相关资料，简述顺序阀还有哪些作用。

3. 表 2-9 中列出了平衡回路设计中用到的部分液压元件的职能符号，请将该表补充完整。

表 2-9　平衡回路设计中使用的部分液压元件

序号	职能符号	元件名称	数量	作用
1	（泵站图形：溢流阀、液压泵与电动机M）			
2	（单向阀符号）			
3	（X、P、T口溢流阀符号）			
4	（液压缸 F=0）			

三、任务评价

请学生和教师填写任务检查评分表（见表 2-10）。

表 2-10　任务检查评分表（平衡回路设计）

序号	检查评分项目	自我检查结果	自我评分	组内检查结果	组内评分	小组互查结果	小组互评分	教师检查结果	教师评分
1	遵守安全操作规范（10分）								
2	态度端正，工作认真（10分）								
3	正确识别各元件的符号（20分）								
4	正确说出各元件的作用（20分）								
5	正确完成模拟仿真的全部内容（20分）								
6	正确排查回路故障（10分）								
7	做好 6S 管理工作（10分）								
合计									
总分									

任务 2　汽车起重机液压系统传动分析

汽车起重机是将起重机安装在汽车底盘上的一种流动式起重机。它主要由起升机构、旋转机构、吊臂变幅机构、吊臂伸缩机构和支腿等组成，这些工作机构动作的完成由液压系统来控制。汽车起重机的液压系统一般要求输出力大，动作平稳，耐冲击，操作灵活、方便，安全性高。

2.1　Q2-8 型汽车起重机液压系统

Q2-8 型汽车起重机采用液压传动，最大起重量为 8 吨，最大起重高度为 11.5 米，起重装置可连续旋转，其结构示意图如图 2-40 所示。该起重机具有较高的行走速度，可与装运工具的车辆编队行驶，机动性好。当装上附加吊臂（图 2-40 中未表示）后，可在建筑工地吊装预制件，吊装的最大高度为 6 米。

Q2-8 型汽车起重机承载能力强，可在有冲击、振动，温度变化大，环境较差的条件下工作。其执行元件完成的动作通常比较简单。因此，Q2-8 型汽车起重机一般采用中、高压手动液压控制系统，该系统对安全性要求较高。

Q2-8 型汽车起重机的液压系统原理图如图 2-41 所示，该液压系统是一个单泵开式串联液压系统，其液压泵由汽车发动机通过装在汽车底盘变速箱上的取力箱传动。液压泵工作压力为 21 MPa，排量为 40 ml/r，转速为 1500 r/min。液压泵通过中心旋转接头从油箱中吸取油液，输出的油液经手动阀组输送至各个执行元件。溢流阀 12 是安全阀，用以防止系统过载，其调整压力为 19 MPa，其实际工作压力可通过压力表读取。

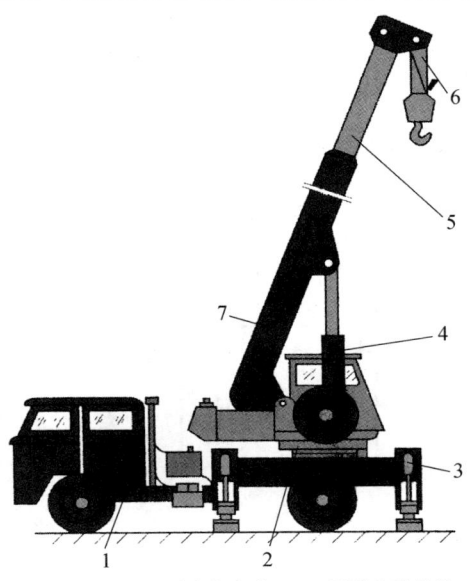

1—汽车　2—旋转机构　3—支腿　4—吊臂变幅机构　5—吊臂伸缩机构　6—起升机构　7—吊臂

图 2-40　Q2-8 型汽车起重机结构示意图

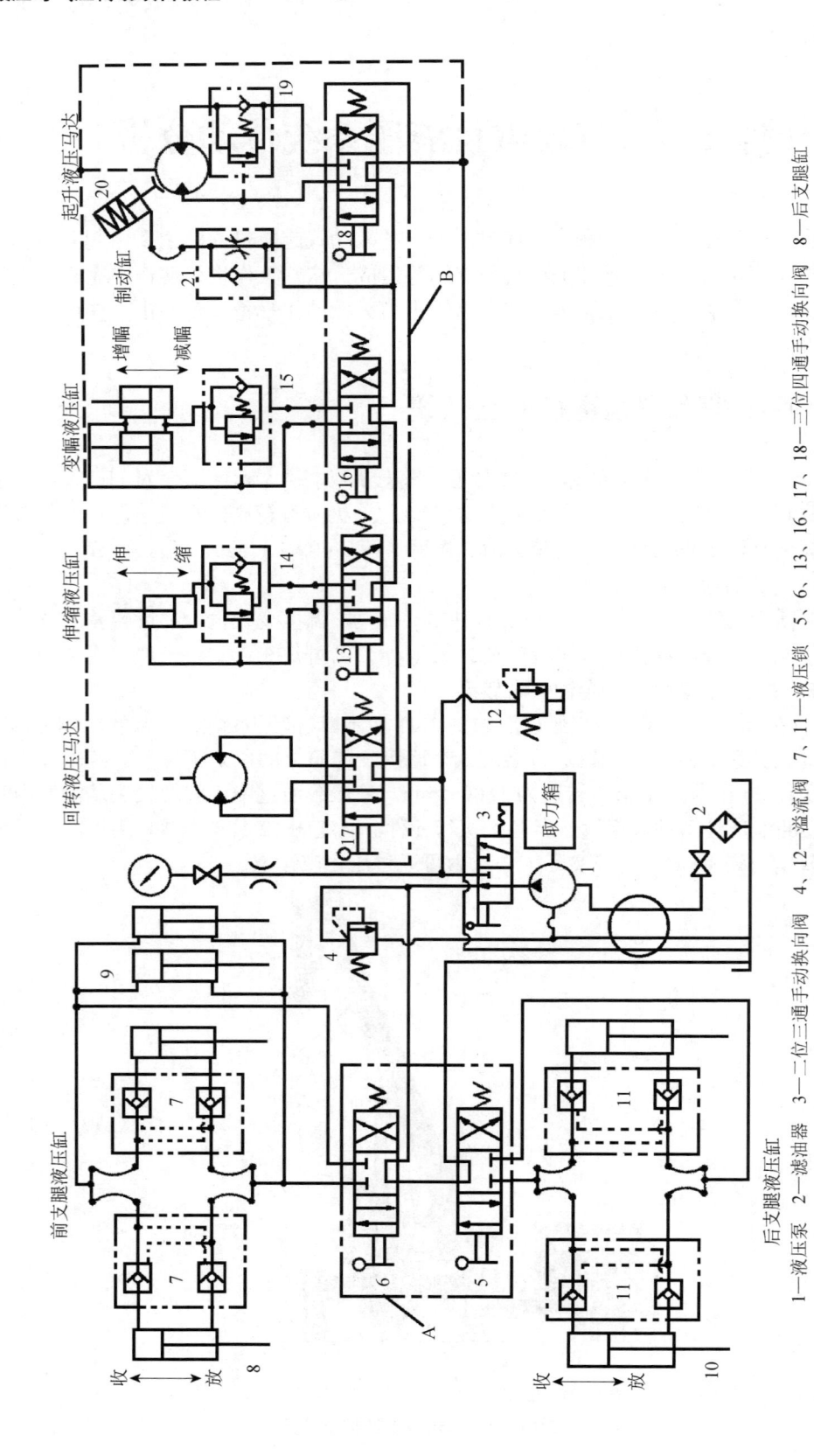

图 2-41 Q2-8 型汽车起重机液压系统原理图

1—液压泵　2—滤油器　3—二位三通手动换向阀　4、12—溢流阀　7、11—液压锁　5、6、13、16、17、18—三位四通手动换向阀　8—后支腿缸　9—锁紧缸　10—前支腿缸　14、15、19—平衡阀　20—制动缸　21—单向节流阀

2.2　Q2-8 型汽车起重机液压系统工作回路分析

Q2-8 型汽车起重机液压系统包含支腿收放回路、起升回路、吊臂伸缩回路、吊臂变幅回路、旋转机构回路等五个部分。

（1）支腿收放回路

Q2-8 型汽车起重机前后各有两条支腿，每一条支腿配有一个液压缸。如图 2-41 所示，两条前支腿通过三位四通手动换向阀 6 控制收放，而两条后支腿则通过三位四通阀手动换向阀 5 控制收放。

写出支腿收放回路中液压油的传动路线。

活塞杆伸出时：

活塞杆缩回时：

中位锁紧时：

（2）起升回路

如图 2-41 所示，Q2-8 型汽车起重机通过控制三位四通手动换向阀 18 来实现变速和换向，通过平衡阀（液控单向顺序阀）19 来限制重物超速下降。制动缸 20 是单作用液压缸。单向节流阀 21 的作用有两个，一是保证液压油先进入起升液压马达；二是保证吊物升降停止时，制动缸中的油液马上与油箱相通，使起升液压马达迅速制动。

写出起升回路中液压油的传动路线。

活塞杆伸出时：

活塞杆缩回时：

（3）吊臂伸缩回路

如图 2-41 所示，Q2-8 型汽车起重机工作时，通过控制三位四通手动换向阀 13 来控制吊臂伸缩并调节吊臂的运动速度。Q2-8 型汽车起重机移动时应将吊臂缩回。吊臂缩回时，为防止吊臂在重力作用下自行收缩，特地在收缩缸下腔的回油路上安装了平衡阀 14，提高收缩运动的可靠性。

写出吊臂伸缩回路中液压油的传动路线。

活塞杆伸出时：

活塞杆缩回时：

（4）变幅回路

Q2-8 型汽车起重机采用两个液压缸并联的方式，提高吊臂的承载能力。吊臂变幅回路其工作原理与吊臂伸缩回路相同。

（5）旋转机构回路

Q2-8 型汽车起重机采用 ZMD40 柱塞式液压马达控制旋转机构，旋转速度为 1～3 r/min。由于惯性小，Q2-8 型汽车起重机一般不设置缓冲装置。如图 2-41 所示，操作三位四通手动换向阀 17 可控制 ZMD40 型柱塞式马达正转、反转或停止。

写出旋转机构回路中液压油的传动路线。

活塞杆伸出时：

活塞杆缩回时：

2.3　Q2-8 型汽车起重机液压系统的特点

Q2-8 型汽车起重机具有以下特点。

（1）在重物下降和大臂收缩、变幅时，负载与液压力方向相同，执行元件会失控，为此，必须在其液压系统回油路上设置平衡阀。

（2）因 Q2-8 型汽车起重机作业工况的随机性较大，且动作频繁，所以大多采用带弹簧复位功能的 M 型中位三位四通手动换向阀，来控制其各个动作。当三位四通手动换向阀处于中位时，各执行元件的进油路均被切断，液压泵出油口与油箱连通卸荷，减少了功率损失。

（3）Q2-8 型汽车起重机的三位四通手动换向阀，不仅能控制液压油的流动方向，从而控制各液压缸的动作，而且能通过控制阀芯的位置，控制油口的通油面积，达到调速的目的。

任务 3　汽车起重机液压系统故障诊断与排除

3.1　液压系统故障诊断与排除

1. 压力不上升

若遇到液压系统压力不上升的情况，应首先检查油箱的油温、油位是否正常，以及液压油是否变质、污染。其次检查液压泵转速是否正常，可以将溢流阀及压力表直接接到液压泵出油口进行检查，查看是否因液压泵中的某些零件磨损而导致其容积效率降低。再次检查溢流阀调节螺钉是否松动，溢流阀阀芯是否卡在打开位置，溢流阀中的弹簧是否变形或损坏。最后检查旋转接头的密封圈、套筒及中心轴是否损坏以及压力表是否损坏。

2. 液压泵有异常噪声

若遇到液压泵有异常噪声的情况，应首先检查油箱油位、油温是否正常，以及液压油是否变质、污染。然后检查液压泵安装螺栓、联轴器和驱动轴等是否松动，液压泵内部零件是否严重磨损或损坏，进油管中是否吸入空气。

3. 液压泵过热

若遇到液压泵过热的情况，应首先检查油箱油位、油温是否正常，以及液压油是否变质、污染。然后检查液压泵是否存在磨损或液压卡紧现象。

3.2 支腿故障诊断与排除

1. 支腿动作缓慢或不动

若遇到支腿动作缓慢或不动的情况，应首先检查溢流阀是否完好。然后检查手动换向阀阀杆等零件是否磨损或损坏。最后检查支腿液压缸活塞杆是否卡住，活塞杆是否弯曲。

2. 升降液压缸活塞杆工作时回缩

若遇到升降液压缸活塞杆工作时回缩的情况，应首先检查液控单向阀阀座表面是否磨损或有杂质，升降液压缸活塞杆是否卡在打开位置，O 形圈等密封件是否完好。然后检查支腿升降液压缸内壁是否被划伤。

3. 汽车行驶时支腿伸出

若遇到汽车行驶时支腿伸出的情况，应首先检查用于控制支腿的三位四通手动换向阀是否正常，然后检查支腿升降液压缸是否正常。

4. 支腿收放失灵

若遇到支腿收放失灵的情况，可能是双向液压锁活塞卡死造成的，应对其进行修复。

3.3 旋转机构故障诊断与排除

1. 旋转机构动作缓慢或不动

若遇到旋转机构动作缓慢或不动的情况，应首先检查溢流阀和用于控制旋转机构的三位四通手动换向阀是否完好。然后检查旋转减速器齿轮、蜗轮、蜗杆是否损坏。最后检查旋转液压马达柱塞或轴承是否卡住或磨损严重，输出轴是否折断。

2. 旋转机构转台不转动

若遇到旋转机构转台不转动的情况，应检查旋转液压马达内部零件是否磨损。

3. 旋转机构游隙过大

若遇到旋转机构游隙过大的情况，应检查旋转减速器蜗轮、驱动齿轮和旋转支承齿轮是否磨损。

3.4 吊臂变幅机构故障诊断与排除

1. 动作缓慢或不动

若遇到吊臂动作缓慢或不动的情况，应首先检查溢流阀和用于控制吊臂变幅机构的三位四通手动换向阀是否完好。然后检查旋转接头密封圈、中心轴及套筒是否损坏。

2. 吊臂下落时有不规则振动

若遇到吊臂下落时有不规则振动的情况，应首先检查平衡阀中的弹簧是否损坏。然后检查是否是操纵手柄的动作太快。

3.5 起升机构故障诊断与排除

1. 卷绳动作缓慢或不动作

若遇到卷绳动作缓慢或不动作的情况，应首先检查溢流阀和用于控制起升机构的三位四通手动换向阀是否完好。其次检查平衡阀和溢流阀的调节螺钉是否松动，两个阀中的弹簧是否损坏。再次检查起升液压马达的轴是否断裂、卡滞，是否因零件磨损而使其性能下降。最后检查起升机构齿轮轮齿是否破裂，起升制动器调整是否正确，旋转接头的密封圈、中心轴和轴套是否正常。

2. 放绳动作缓慢或不动作

若遇到放绳动作缓慢或不动作的情况，应首先检查溢流阀和用于控制起升机构的三位四通手动换向阀是否完好。然后检查起升液压马达是否正常工作。最后检查起升机构齿轮轮齿是否破裂，起升制动器是否调整正确，平衡阀和旋转接头是否完好。

3. 放绳时有振动

若遇到放绳时有振动的情况，应检查平衡阀是否失灵，是否有空气进入平衡阀。

4. 负载自行下落或跌落

若遇到负载自行下落或跌落的情况，应检查起升液压马达、平衡阀、起升制动器是否正常。

3.6 吊臂伸缩机构故障诊断与排除

1. 吊臂伸出动作迟缓或不伸出

若遇到吊臂伸出动作迟缓或不伸出的情况，应首先检查溢流阀和用于控制吊臂伸缩机构的三位四通手动换向阀是否完好。然后检查吊臂是否弯曲，滑动表面是否润滑充分，滑板调整是否适当。最后检查伸缩液压缸活塞杆和活塞以及旋转接头是否完好。

2. 吊臂回缩缓慢或不回缩

若遇到吊臂回缩缓慢或不回缩的情况，应首先检查溢流阀和用于控制吊臂伸缩机构的三位四通手动换向阀是否正常。然后检查伸缩液压缸、平衡阀、旋转接头是否正常。

3. 控制手柄在中间位置时吊臂回缩

若遇到控制手柄在中间位置时吊臂回缩的情况，应首先检查伸缩液压缸 O 形圈是否变形，然后检查焊接部分是否有缺陷。

3.7　制动器故障诊断与排除

1. 制动器无法松开

制动器无法松开的原因可能是主弹簧调得过紧，电磁铁吸力不够，短行程制动器顶杆弯曲，电磁铁吸合时不能产生足够的位移量；也可能是电磁铁动铁芯、静铁芯极面间距偏大，不能很好吸合；还可能是电压过低或制动器铰链被卡塞。

2. 制动器无法制动

制动器无法制动的原因可能是制动器主弹簧弹力过小，制动臂拉杆的活动关节卡住，制动轮表面有油污，制动器闸皮过度磨损；也可能是制动臂拉杆过长，使闸瓦与闸轮的间隙过大。

3.8　油温过热故障诊断与排除

液压油的温升一般应不超过 40℃。也就是说，当汽车起重机在 40℃ 的环境温度中工作时，最高油温不应超过 80℃。过高的油温会导致液压油黏度下降、零件配合间隙增加及橡胶密封件损坏，使液压系统泄漏严重，驱动无力。液压油过热的原因是多方面的，除了设计和制造方面的因素之外，主要是由于各种液压元件调整、操作和保养不当造成的。例如，溢流阀调压过高，大量的无效能耗转化成了热量；油箱的油量少或散热器积垢太多，影响了液压油的散热效果。

3.9　噪声过大故障诊断与排除

液压系统工作时产生噪声的主要原因是系统内混有气体，引起高频振动。液压系统内气体的来源，一是液压泵进油路不畅造成的气穴，二是液压油中混入了空气。油路不畅造成气穴的原因可能是：进油滤油器阻塞，吸油管直径过小，吸油管路弯头过多，吸油管路太长，油液温度过低，油液不适宜，吸油管路阻尼太大，液压泵故障，液压泵转速过高，液压泵距油箱液面过高。液压油中混入空气的原因可能是：油箱液面太低，油箱设计不合理，油液不合适，液压泵轴的油封损坏，吸油管接头漏气，软管有气孔，液压系统排气不良。找到原因后，采取相应措施即可排除故障。

3.10 泄漏过大故障诊断与排除

液压系统的泄漏往往表现为工作压力下降，泄漏严重时可能出现执行元件运动速度降低或爬行的情况。液压系统泄漏有外泄漏和内泄漏之分，外泄漏可凭人的视觉发现，内泄漏则需用仪表测试压力或流量才能确定。

外泄漏除了少数情况下是因为液压元件壳体或管道破损引起的之外，一般都是因密封问题产生的。所以维修人员应该了解各种密封形式的工作原理及密封件的使用方法。更换密封件时，应注意其材质、性能、型号尺寸等是否符合要求；应确认挡圈的安装位置是否有助于密封件发挥作用和延长使用寿命。安装密封件之前，应做好清洁工作，以防污物混入。安装密封件时应仔细，防止出现密封件划伤或翻扭等现象。应尽量选用螺纹压紧式密封件，使压紧力大小得当且均匀。

内泄漏情况比较复杂，如果不考虑液压元件的设计因素，造成内泄漏的最主要原因是配合间隙过大，油封的密封性能差，使用了过稀的液压油。液压系统出现内泄漏时，一般的维修方法都是更换液压元件或液压元件中的相关零件，更换过相关零件的液压元件经台架试验后方可使用。如果是夏季高温天气，使用较稠的液压油也能在一定程度上避免出现内泄漏。

3.11 过度振动故障诊断与排除

液压系统的过度振动往往是由于液压元件固定不牢、液压泵安装不平衡及液压系统中混入空气造成的，高频振动还会伴有响声。液压泵安装不平衡多是由柔性连接的不平衡及液压泵轴的对中性不好引起的。解决过度振动问题的措施主要是确保液压元件安装正确且牢固，防止液压系统中混入空气。

项目习题

一、问答题

1. 液压缸为什么要密封？哪些部位需要密封？常见的密封圈有哪几种？

2. 液压缸为什么要设置缓冲装置？请说明缓冲装置的工作原理。

3. 请分析单杆活塞式液压缸差动连接时无杆腔的受力情况及活塞杆伸出速度。

4. 液压泵完成吸油和压油过程，必须具备什么条件？

5. 如果与液压泵吸油口相通的油箱是完全封闭的，不与大气相通，液压泵能否正常工作？

二、计算题

1. 如图 2-42 所示，有两个结构和尺寸相同的液压缸，A_1=100 cm², A_2=80 cm²，p_1=0.9 MPa，q_1=15 L/min。若不计摩擦损失和泄漏，试求：

（1）当两液压缸负载相同（F_1=F_2）时，两缸能承受的负载各是多少？

（2）此时，两液压缸活塞杆的运动速度各为多少？

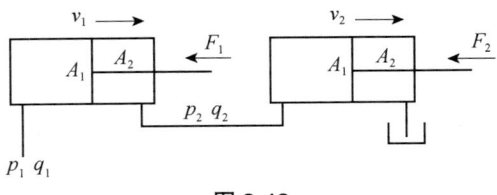

图 2-42

2. 如图 2-43 所示，有三种形式的液压缸，活塞和活塞杆直径分别为 D 和 d，进入各液压缸的流量为 q，压力为 p，若不计压力损失和泄漏，请分别计算各液压缸产生的推力、活塞的运动速度和运动方向。

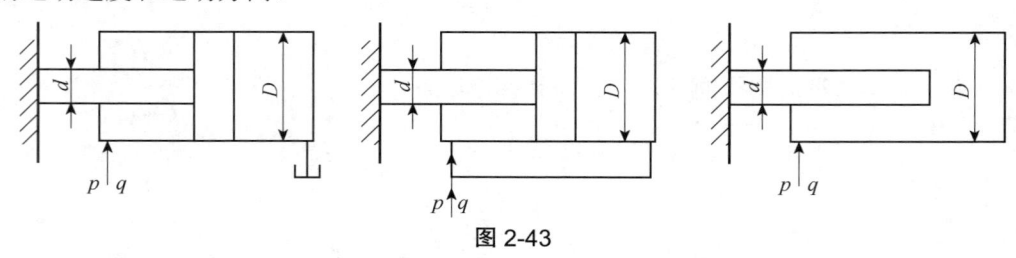

图 2-43

3. 某液压泵输出油液的压力为 10 MPa，转速为 1450 r/min，排量为 200 mL/r，液压泵的容积效率 η_{Vp}=0.95，总效率 η_p=0.9。求液压泵的输出液压功率及驱动该液压泵的电动机所需功率（不考虑液压泵的进油口油压）。

4. 如图 2-44 所示，已知变量液压泵最大排量为 160 mL/r，转速为 1000 r/min，机械效率为 0.9，总效率为 0.85；液压马达的排量为 140 mL/r，机械效率为 0.9，总效率为 0.8，系统的最大允许压力为 8.5 MPa，不计管路损失。求液压马达转速是多少？在该转速下，液压马达的输出转矩是多少？驱动该液压泵所需的转矩和功率是多少？

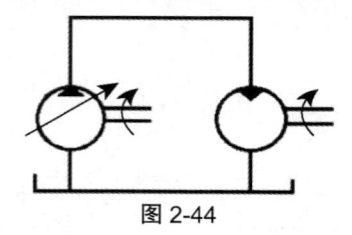

图 2-44

项目三　动力滑台液压系统传动分析及其故障诊断与排除

【知识目标】
1. 理解电磁继电器和行程开关的工作原理。
2. 掌握电液换向阀和行程换向阀的工作原理。
3. 理解压力继电器的工作原理。
4. 掌握节流阀和调速阀的工作原理。
5. 掌握叠加阀的工作原理。

【能力目标】
1. 能够设计电控换向回路和自动往返换向回路。
2. 能够设计差动连接快速运动回路。
3. 能够设计节流调速回路。
4. 能够设计各种速度换接回路。
5. 能够读懂动力滑台液压系统原理图。
6. 能够诊断并排除动力滑台液压系统典型故障。

【素质目标】
1. 培养学生严谨规范、一丝不苟的工作态度。
2. 培养学生"干一行、爱一行"的职业精神和职业素养。

【思政故事】
　　高凤林是首都航天机械有限公司特种融熔焊工特级技师。他吃饭时拿筷子练送丝，喝水时端着盛满水的缸子练稳定性，休息时举着铁块练耐力，冒着高温观察铁水的流动规律。为了保障一次大型科学实验，他的双手至今还留有被严重烫伤的疤痕。为了攻克国家某重点攻关项目，近半年的时间，他天天趴在冰冷的产品上，关节麻木了、青紫了，他甚至被戏称为"和产品结婚的人"。
　　凭借着炉火纯青的焊接技艺，高凤林攻克了200多项航天焊接难题。也因此，高凤林先后获得了全国劳动模范、全国五一劳动奖章、全国道德模范、全国技术能手、最美奋斗者等荣誉称号。

导　语

动力滑台如图 3-1 所示，它是组合机床的一种通用部件。

液压动力滑台是如何工作的呢？它由哪些液压基本回路组成？如何设计这些液压基本回路并进行安装和调试呢？这些都是本项目中要解决的主要问题。

图 3-1　动力滑台

任务 1　动力滑台液压基本回路设计

1.1　电控换向回路设计

1.1.1　自锁电控换向回路设计

◐ 任务描述

因为动力滑台工作时的动作具有周期性、规律性，便于实现自动化控制，所以通常采用电磁换向阀来控制动力滑台的各种动作。

◐ 任务实施

一、课前准备

通过网络学习平台和图书资料，预习电磁换向阀、电磁继电器、行程开关等相关知识。

二、任务引导

1. 新知识学习

1）电磁换向阀

电磁换向阀又称电动换向阀，是利用电磁铁通电吸合时产生的电磁力来操纵阀芯移动的方向控制阀。它可以借助按钮开关、行程开关、限位开关、继电器等发出的电信号控制设备，操纵方便，自动化程度高，应用极为广泛。常见的二位四通电磁换向阀和三位四通电磁换向阀分别如图 3-2 和图 3-3 所示。

电磁换向阀

图 3-2　二位四通电磁换向阀　　　　　　图 3-3　三位四通电磁换向阀

（1）电磁铁的类型和工作特点

电磁换向阀中的电磁铁，按其所使用电源的不同可分为交流型电磁铁和直流型电磁铁；按其衔铁工作腔中是否有油液可分为"干式"电磁铁和"湿式"电磁铁。

交流电磁铁使用 220 V 交流电压，优点是启动力较大，不需要专门的电源，吸合、释放时间仅为 0.01~0.03 s。其缺点是当电源电压下降 15% 及以上时，电磁铁的吸力明显减小，若衔铁不动作，干式交流电磁铁会在 10~15 min 后烧坏线圈，湿式交流电磁铁会在 60~90 min 后烧坏线圈，而且此时产生的冲击及噪声较大，并影响交流电磁铁的使用寿命。

直流电磁铁使用 24 V 的直流电压，优点是工作可靠，吸合、释放时间为 0.05~0.08 s，切换频率一般为 120 次/min，冲击小、体积小、使用寿命长。其缺点是需要配备专门的直流电源，成本较高。

（2）电磁换向阀的工作原理

二位三通电磁换向阀的结构图和职能符号如图 3-4 所示。二位三通电磁换向阀中有一块电磁铁 1，靠弹簧 4 复位。当电磁铁通电时，推杆 2 将阀芯 3 推向右端，P 油口和 B 油口通油，A 油口断开，此工作位置为左位，各油口的通断情况画在左边方框里。当电磁铁断电时，弹簧 4 推动阀芯 3 复位，阀芯 3 回到左端，P 油口和 A 油口通油，B 油口断开，此工作位置为右位，各油口的通断情况画在右边方框里。

1—电磁铁　2—推杆　3—阀芯　4—弹簧

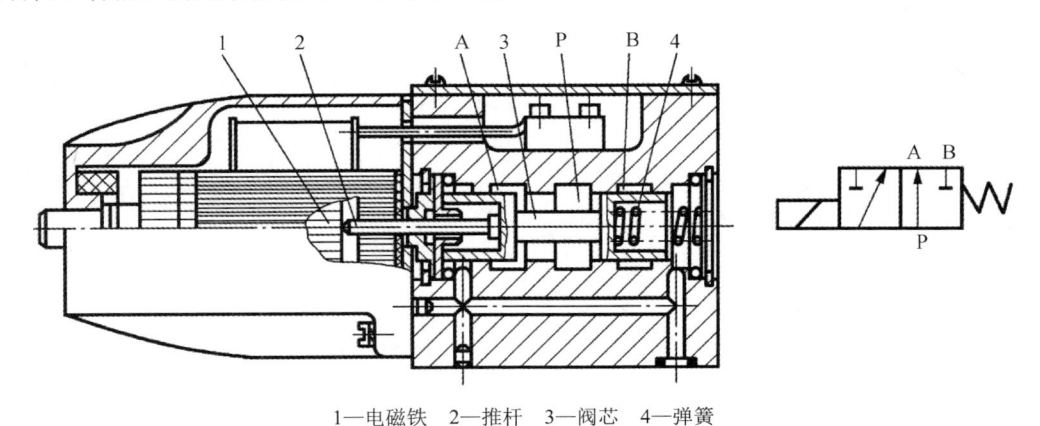

图 3-4　二位三通电磁换向阀的结构图和职能符号

三位四通电磁换向阀的结构图和职能符号如图 3-5 所示，其左右两端各有一块电磁铁和一根弹簧。当左端电磁铁通电时，阀芯 3 被推向右端，P 油口和 B 油口通油，A 油口和 T 油口通油，此工作位置为左位，各油口的通断情况画在左边方框里。当右端电磁铁通电时，阀芯 3 被推向左端，P 油口和 A 油口通油，B 油口和 T 油口通油，此工作位置为右位，各油口的通断情况画在右边方框里。注意，为了避免烧毁线圈，两块电磁铁不能同时通电。当两块电磁铁都断电时，阀芯 3 在弹簧弹力的作用下，回到中位，各油口的通断情况画在中间方框里。

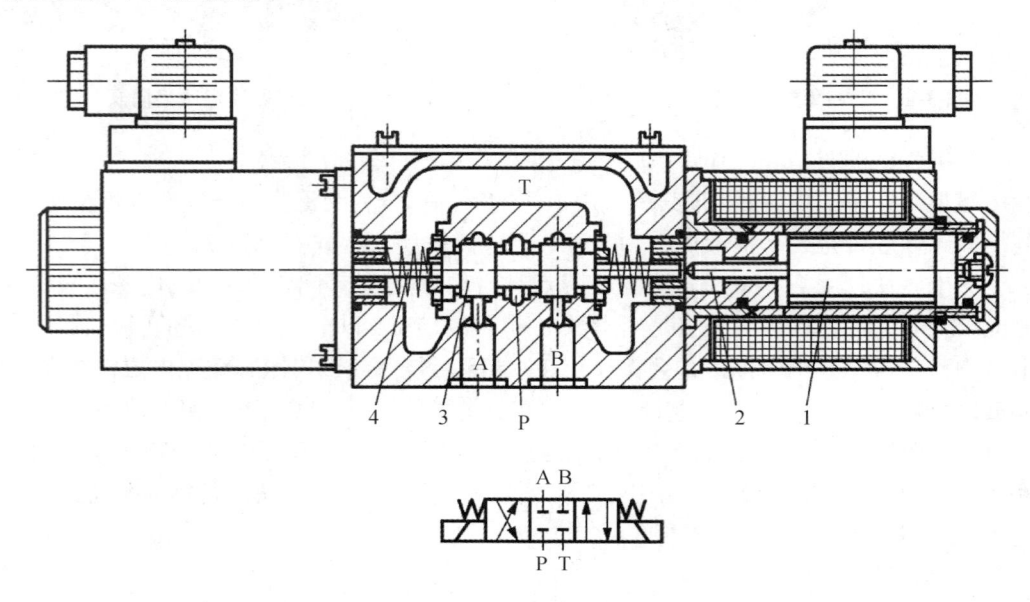

1—电磁铁　2—推杆　3—阀芯　4—弹簧

图 3-5　三位四通电磁换向阀的结构图和职能符号

（3）电磁换向阀的工作特点

电磁换向阀操纵方便，布置灵活，易于实现对动作转换的自动化控制。但由于受到电磁铁尺寸的限制，加之电磁铁吸力有限，因此电磁换向阀不能用在流量较大的液压系统中。

2）电磁继电器

继电器的英语单词是 Relay，含有传递、接力的意思。实际上电磁继电器相当于电路开关，与按钮开关不同的是，按钮开关是用外力来控制电路通断的，而电磁继电器是用电来控制电路通断的。

（1）电磁继电器的工作原理

电磁继电器的结构示意图和职能符号如图 3-6 所示，它主要由线圈、铁芯、衔铁、复位弹簧、动触点、静触点（常开触点和常闭触点）等部分组成。继电器的线圈 5 未通电时，处于断开状态的静触点 6 称为"常开触点"，处于接通状态的静触点 7 称为"常闭触点"。线圈 5 和铁芯 1，共同组成一个电磁铁。当线圈 5 通电时，电磁铁工作，从而产生电磁效应，衔铁 4 就会在电磁吸力的作用下，克服复位弹簧 3 的拉力吸向铁芯，带动动触点与继电器的常开触点 6 吸合，与常闭触点 7 断开。当线圈 5 断电时，电磁效应消失，衔铁 4 在复位弹簧 3 拉力的作用下复位，带动动触点与继电器的常闭触点 7 吸合，与常开触点 6 断开。电磁继电器工作时，将其触点开关接到电路里，利用线圈的通电与断电控制触点开关的吸合与断开，从而控制电路的通断。总之一句话，电磁继电器就是用电磁铁的吸力和弹簧的弹力来代替手或外在的机械力来控制电路通断的元器件。

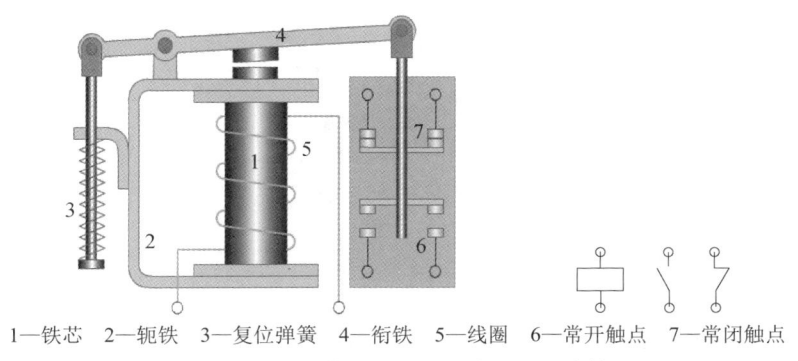

1—铁芯 2—轭铁 3—复位弹簧 4—衔铁 5—线圈 6—常开触点 7—常闭触点

图 3-6 电磁继电器的结构示意图和职能符号

（2）电磁继电器的应用

使用电磁继电器后，可以用低电压、弱电流的控制电路来控制高电压、强电流的工作电路。如图 3-7（b）所示，当按下按钮开关 KB1 时，低电压电路通电，继电器电磁线圈得电，继电器常开触点吸合，高电压电路也同时通电。电磁继电器还可以实现自动化控制，后面我们会详细学习。

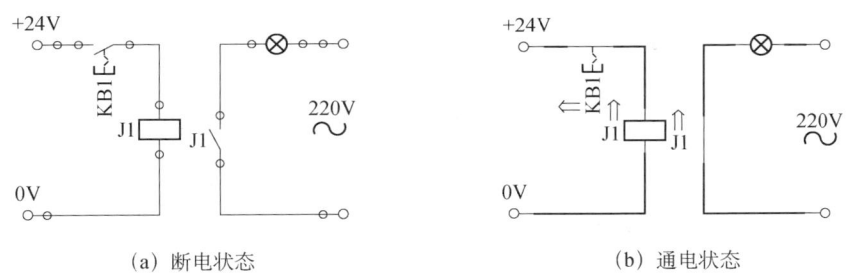

(a) 断电状态　　　　　　　　　(b) 通电状态

图 3-7 电磁继电器的应用示例

3）行程开关

行程开关又称限位开关，是位置开关的一种。它是利用机械运动部件的碰撞带动其触头动作，实现电路的通断，从而达到自动控制目的的触点开关。行程开关按其结构可分为直动式行程开关、滚轮式行程开关、微动式行程开关等。

行程开关

滚轮式行程开关的结构图如图 3-8 所示，它主要由滚轮、上转臂、滑轮、触点等部分组成。当运动机械上的撞块压到滚轮式行程开关的滚轮 1 时，上转臂 2 转动，带动滑轮 6 摆动，滑轮 6 使触点推杆 7 转动，使动触点和常开触点吸合，和常闭触点断开。当运动机械返回时，松开滚轮 1，弹簧 5 复位使行程开关复位，带动动触点和常闭触点吸合，和常开触点断开。工作时，根据需要选择合适的常开或常闭触点接到电路中，利用运动机械的工作行程控制滚轮式行程开关，自动切换电路的通电和断电状态。

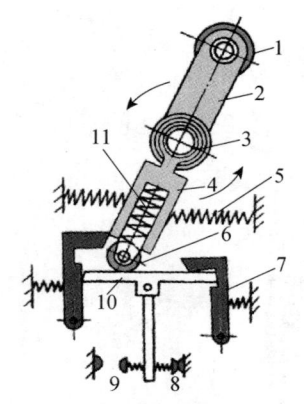

1—滚轮　2—上转臂　3、5、11—弹簧　4—套架　6—滑轮　7—触点推杆　8、9—触点　10—横板

图 3-8　滚轮式行程开关的结构图

2. 自锁点控换向回路模拟仿真

学生在教师指导下使用 FluidSIM 软件进行自锁点控换向回路设计，并进行模拟仿真。

（1）自锁点控换向回路液压原理图如图 3-9 所示，请在图 3-10 所示自锁点控换向回路电路图中的对号处填上相应的开关。

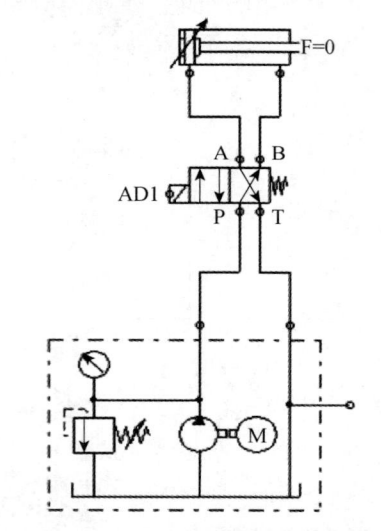

图 3-9　自锁点控换向回路液压原理图 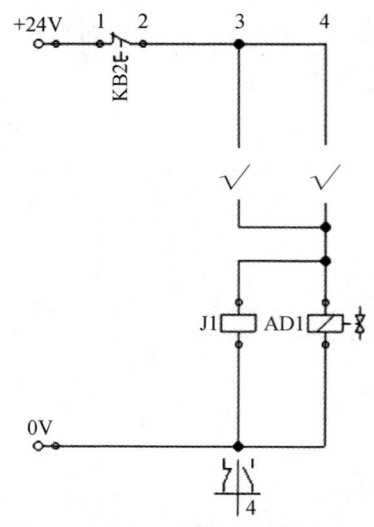　　　图 3-10　自锁点控换向回路电路图

（2）写出液压油的传动路线。

活塞杆伸出时：

活塞杆缩回时：

3. 自锁自动往返回路模拟仿真

学生在教师指导下使用 FluidSIM 软件进行自锁自动往返回路设计，并进行模拟仿真。

自锁自动往返回路液压原理图如图 3-11 所示,请在图 3-12 所示自锁自动往返回路电路图中的对号处填上相应开关和正确的元件名称。

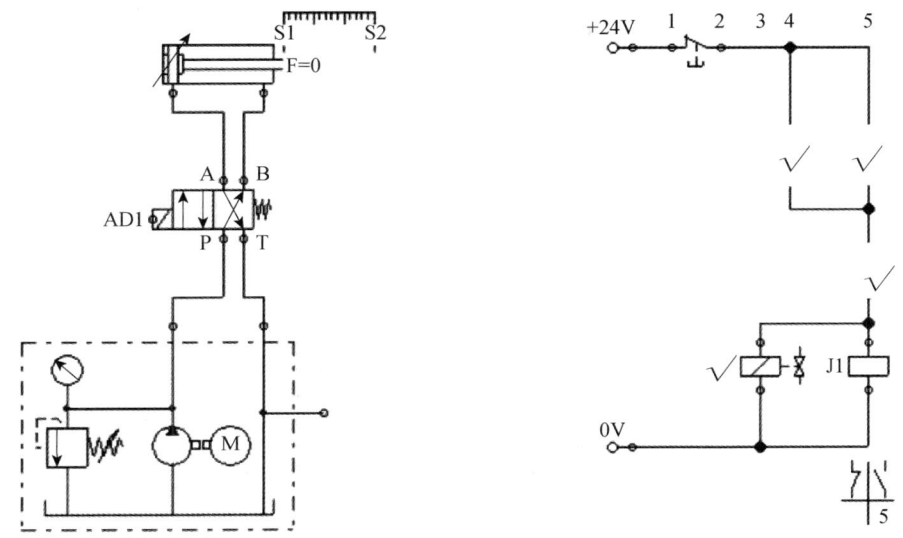

图 3-11　自锁自动往返回路液压原理图

图 3-12　自锁自动往返回路电路图

4. 表 3-1 中列出了自锁电控换向回路设计中用到的部分液压元件和电气元件的职能符号,请将该表补充完整。

表 3-1　自锁电控换向回路设计中使用的部分液压元件和电气元件

序号	职能符号	元件名称	数量	作用
1				
2				
3				
4				
5				
6				
7				

续表

序号	职能符号	元件名称	数量	作用
8	(图符号)			
9	(图符号)			

三、任务评价

请学生和教师填写任务检查评分表（见表 3-2）。

表 3-2　任务检查评分表（自锁电控换向回路设计）

序号	检查评分项目	自我检查结果	自我评分	组内检查结果	组内评分	小组互查结果	小组互评分	教师检查结果	教师评分
1	遵守安全操作规范（10分）								
2	态度端正，工作认真（10分）								
3	正确识别各元件的符号（20分）								
4	正确说出各元件的作用（20分）								
5	正确完成模拟仿真的全部内容（20分）								
6	正确排查回路故障（10分）								
7	做好6S管理工作（10分）								
合计									
总分									

1.1.2　互锁电控换向回路设计

⊃ **任务描述**

因动力滑台大多采用三位四通电磁换向阀来控制各回路动作，而三位四通换向阀有两块电磁铁，仅凭自锁电控换向回路无法满足动力滑台工作要求，还需要进行互锁电控换向回路设计。

⊃ 任务实施

一、课前准备

通过网络学习平台和图书资料，复习三位四通电磁换向阀等相关知识。

二、任务引导

1. 互锁点控换向回路模拟仿真

学生在教师指导下使用 FluidSIM 软件进行互锁电控换向回路设计，并进行模拟仿真。

（1）互锁点控换向回路液压原理图如图 3-13 所示，请在如图 3-14 所示的互锁点控换向回路电路图中的对号处填上相应的电气元件和正确的元件名称。

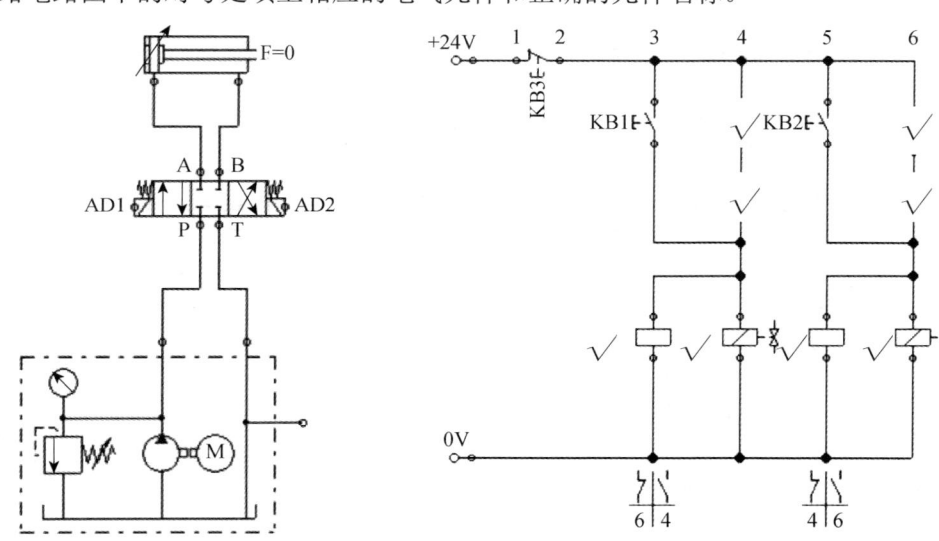

图 3-13　互锁点控换向回路液压原理图　　图 3-14　互锁点控换向回路电路图

（2）写出液压油的传动路线。

活塞杆伸出时：

活塞杆缩回时：

2. 互锁自动往返回路模拟仿真

学生在教师指导下使用 FluidSIM 软件进行互锁自动往返回路设计，并进行模拟仿真。

互锁自动往返回路液压原理图如图 3-15 所示，请在如图 3-16 所示互锁自动往返回路电路图中的对号处填上相应的电气元件和正确的元件名称。

图 3-15　互锁自动往返回路液压原理图　　　图 3-16　互锁自动往返回路电路图

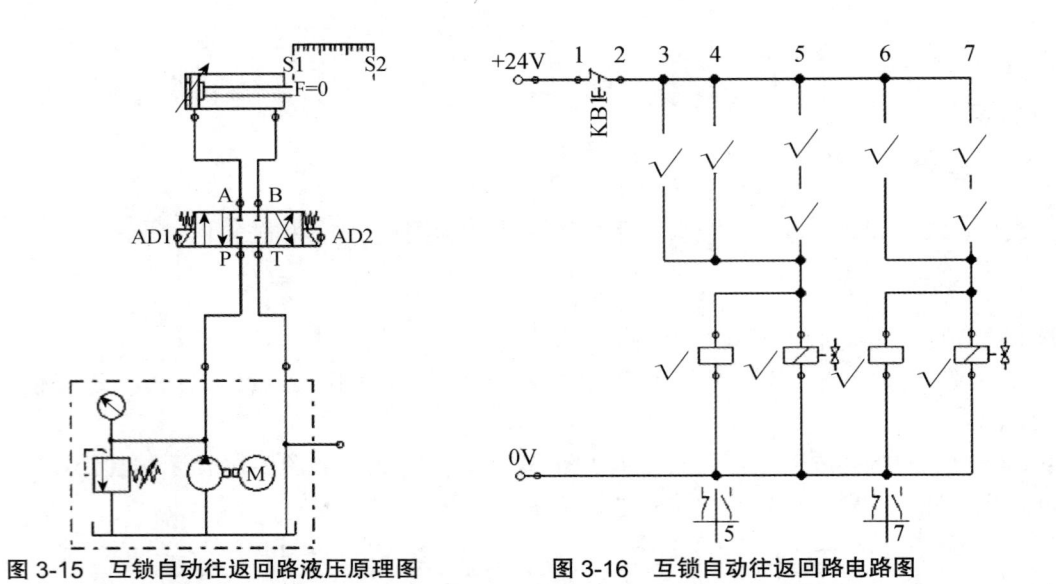

3. 表 3-3 中列出了互锁电控换向回路设计中用到的部分液压元件和电气元件的职能符号，请将该表补充完整。

表 3-3　互锁电控换向回路设计中使用的部分液压元件和电气元件

序号	职能符号	元件名称	数量	作用
1				
2				
3				
4				
5				
6				
7				
8				
9				

三、任务评价

请学生和教师填写任务检查评分表（见表3-4）。

表 3-4 任务检查评分表（互锁电控换向回路设计）

序号	检查评分项目	自我检查结果	自我评分	组内检查结果	组内评分	小组互查结果	小组互评分	教师检查结果	教师评分
1	遵守安全操作规范（10分）								
2	态度端正，工作认真（10分）								
3	正确识别各元件的符号（20分）								
4	正确说出各元件的作用（20分）								
5	正确完成模拟仿真的全部内容（20分）								
6	正确排查回路故障（10分）								
7	做好6S管理工作（10分）								
合计									
总分									

1.2 差动连接快速运动回路设计

⊃ 任务描述

为了提高工作效率，动力滑台具有快进功能，快进功能的实现基于差动连接快速运动回路。

⊃ 任务实施

一、课前准备

通过网络学习平台和图书资料，预习液动换向阀、电液换向阀等相关知识，复习顺序阀相关知识。

二、任务引导

1. 新知识学习

1）液动换向阀

液动换向阀是通过控制油路的液压油来推动阀芯移动实现换向的

液动换向阀

方向阀。常用的液动换向阀包括二位三通液动换向阀、二位四通液动换向阀和三位四通液动换向阀等。

（1）液动换向阀的工作原理

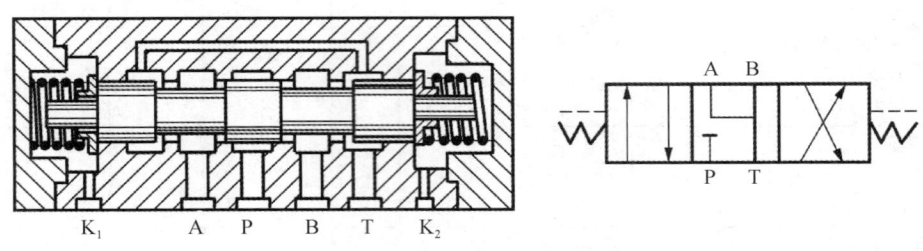

三位四通液动换向阀的结构图和职能符号如图 3-17 所示，它有两个控制油口 K_1、K_2。对中弹簧的作用是使阀芯回到中位。当控制油口 K_1 进油、控制油口 K_2 出油时，阀芯右移，油口 P 与油口 A 通油、油口 B 与油口 T 通油，此工作状态为左位，各油口的通断情况画在左边方框里。当控制油口 K_2 进油、控制油口 K_1 出油时，阀芯左移，油口 P 与油口 B 通油、油口 A 与油口 T 通油，此工作状态为右位，各油口的通断情况画在右边方框里。当控制油口 K_1、K_2 都不通液压油时，阀芯在对中弹簧作用下处于中位，此工作状态为中位，各油口的通断情况画在中间方框里。

图 3-17　液动换向阀的结构图和职能符号

（2）液动换向阀的工作特点

液动换向阀的阀芯是在液压油压力的推动下实现换向的，其优点是换向速度易于控制，换向平稳可靠。其缺点是控制油路的液压油必须借助其他换向装置进行控制，所以液动换向阀不能单独使用。

2）电液换向阀

电液换向阀由电磁换向阀和液动换向阀组成，其中，液动换向阀用于控制液压缸，实现液压缸的换向，称为主阀；电磁换向阀用于控制液动换向阀，使液动换向阀换向，称为先导阀。

（1）电液换向阀的工作原理

电液换向阀的结构图和职能符号如图 3-18 所示。当先导阀左端电磁铁通电时，先导阀阀芯向右移动，先导阀切换为左位，液压泵输出的液压油中的一小部分经过先导阀左位、单向阀 2，进入到主阀左端控制腔，主阀右端控制腔的液压油经过节流阀 7、先导阀左位流回油箱，主阀阀芯向右移动，主阀切换为左位。液压油经过主阀左位进入液压缸左腔，液压缸右腔的油经过主阀左位流回油箱，活塞杆伸出。当先导阀右端电磁铁通电时，先导阀切换为右位，液压泵输出的液压油中的一小部分经过先导阀右位、单向阀 8，进入到主阀右端控制腔，主阀左端控制腔的液压油经过节流阀 3、先导阀的右位流回油箱，主阀芯向左移动，主阀切换为右位，液压油经过主阀右位进入液压缸右腔，液压缸左腔的油经过主阀右位流回油箱，活塞杆缩回。当先导阀左右两端电磁铁都不通电时，先导阀阀芯在其对中弹簧作用下，回到中位，液压泵的油不再进入主阀左右两端的控制腔，但主阀控制腔的液压油可以经过节流阀、先导阀中位流回油箱，主阀也在其对中弹簧作用下回到中位，不会再有液压油进入液压缸，活塞杆静止不动。

（2）节流阀的作用

在换向的过程中，节流阀的作用是控制主阀控制腔中液压油流回油箱的速度，进而控制主阀换向的速度，以减小换向引起的液压冲击。

（3）先导阀采用 Y 型中位的原因

先导阀采用 Y 型中位，是因为当先导阀换为中位时，主阀阀芯两端控制腔的液压油能经过先导阀中位流回油箱，主阀也能切换为中位。除了 Y 型中位，还可以采用 H 型中位。

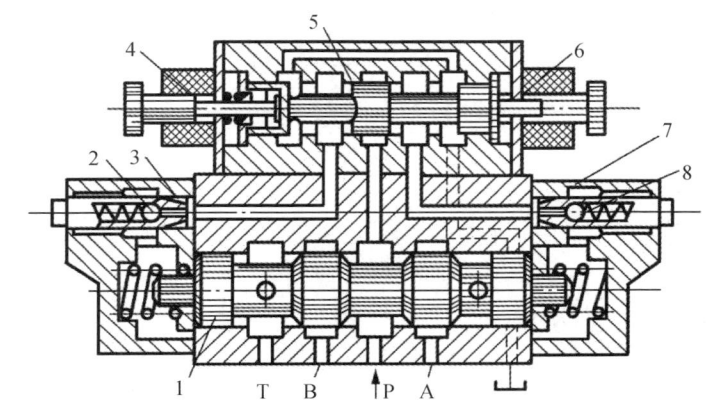

1—液动换向阀阀芯（主阀）　2、8—单向阀　3、7—节流阀　5—电磁换向阀阀芯（先导阀）　4、6—电磁铁

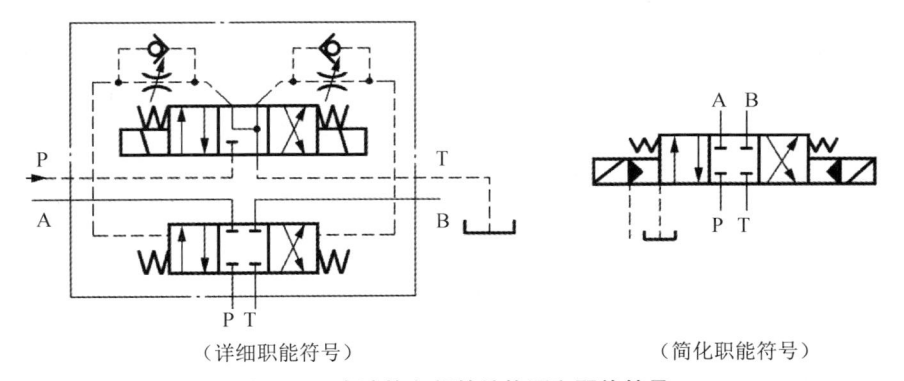

（详细职能符号）　　　　　　　　　　（简化职能符号）

图 3-18　电液换向阀的结构图和职能符号

（4）电液换向阀的工作特点

电液换向阀既能实现换向缓冲，又能用较小的电磁力控制较大流量的液压油。故在流量较大的液压系统中，宜采用电液换向阀换向。

2. 模拟仿真

学生在教师指导下使用 FluidSIM 软件进行差动连接快速运动回路设计，并进行模拟仿真。

差动连接快速运动回路液压原理图和差动连接快速运动回路电路图分别如图 3-19 和图 3-20 所示，请据此回答下面几个问题。

（1）写出液压油的传动路线。

差动快出时：

（2）图 3-19 中顺序阀的作用是什么？如何调定它的工作压力？

（3）图 3-19 中溢流阀的作用是什么？使用溢流阀有何好处？

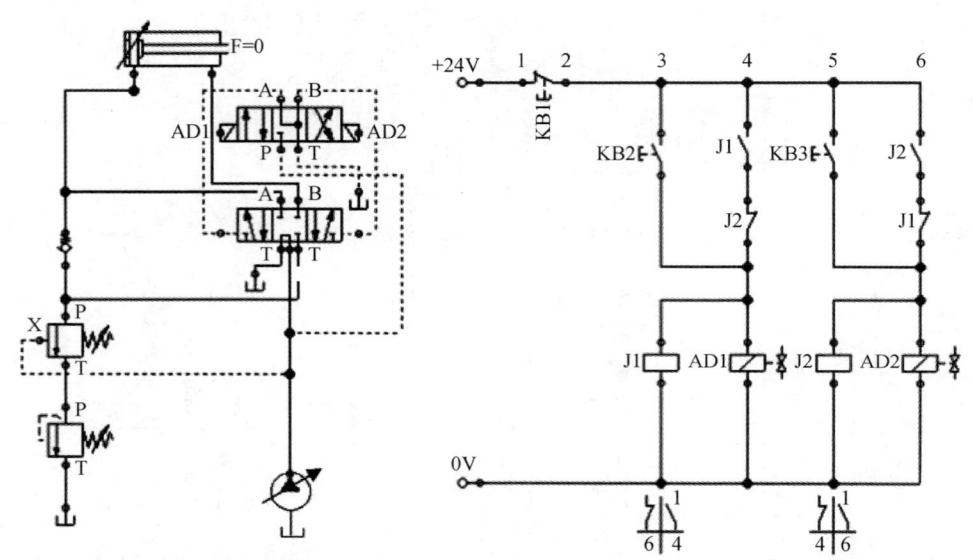

图 3-19　差动连接快速运动回路液压原理图　　图 3-20　差动连接快速运动回路电路图

（4）图 3-19 中的电磁换向阀为何采用 Y 型中位？它还能采用哪种中位？

3. 表 3-5 中列出了差动连接快速运动回路设计中用到的部分液压元件的职能符号，请将该表补充完整。

表 3-5　差动连接快速运动回路设计中使用的部分液压元件

序号	职能符号	元件名称	数量	作用
1				

续表

序号	职能符号	元件名称	数量	作用
2				
3				
4				

三、任务评价

请学生和教师填写任务检查评分表（见表3-6）。

表3-6 任务检查评分表（差动连接快速运动回路设计）

序号	检查评分项目	自我检查结果	自我评分	组内检查结果	组内评分	小组互查结果	小组互评分	教师检查结果	教师评分
1	遵守安全操作规范（10分）								
2	态度端正，工作认真（10分）								
3	正确识别各元件的符号（20分）								
4	正确说出各元件的作用（20分）								
5	正确完成模拟仿真的全部内容（20分）								
6	正确排查回路故障（10分）								
7	做好6S管理工作（10分）								
合计									
总分									

1.3 节流调速回路设计

◐ 任务描述

在动力滑台工作过程中需要对机械装置进行速度控制,常在液压控制回路中使用节流阀来实现此功能。

◐ 任务实施

一、课前准备

通过网络学习平台和图书资料,预习节流阀等相关知识。

二、任务引导

1. 新知识学习

液压缸活塞杆的移动速度取决于进入液压缸的液压油流量。节流阀是控制液压油流量的液压元件。它由阀体、阀芯和调节手轮等几部分组成,阀体内孔和阀芯圆锥面之间的缝隙小孔称为节流孔。

(1) 节流阀的工作原理

节流阀的工作原理和我们每天使用的水龙头相类似,转动调节手轮便可以改变液压油流量。

节流阀的结构图和职能符号如图 3-21 所示。转动调节手轮时,阀芯 5 移动,节流孔的通流面积改变。通流面积为零时节流阀不通油,通流面积增大,通过节流阀的液压油流量增大。

节流阀

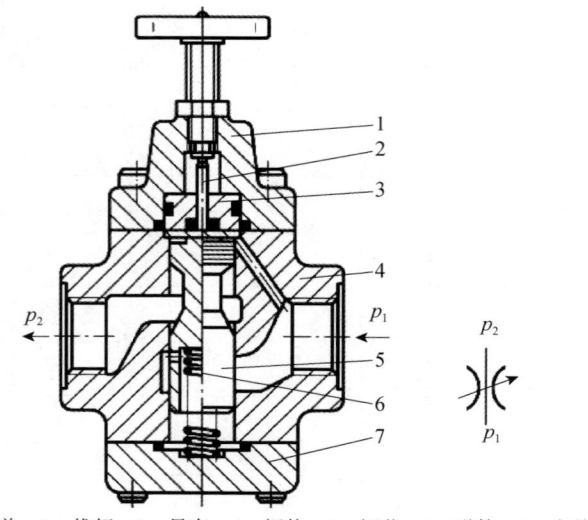

1—顶盖 2—推杆 3—导套 4—阀体 5—阀芯 6—弹簧 7—底盖

图 3-21 节流阀的结构图的职能符号

(2) 影响通过节流阀液压油流量的其他因素

通过节流阀的液压油流量,除了与通流面积有关,还与节流口前后的压力差有关。当通流面积一定时，节流口前后的压力差越大，通过节流阀的液压油流量越大。

通常将节流阀串联到换向阀和液压缸之间，液压油通过节流阀进入液压缸，会受到阻力。此时，溢流阀打开溢流，节流阀进口的压力 p_1 就是溢流阀的调定压力，基本不变。当负载 F 变小时，节流阀的出口压力 p_2 减小，节流口前后的压力差（p_1-p_2）增大，通过节流阀的液压油流量增大，活塞杆运动速度加快。当负载 F 增大时，节流阀的出口压力 p_2 增大，节流口前后的压力差（p_1-p_2）减小，通过节流阀的液压油流量减小，活塞杆运动速度减慢。所以，活塞杆的运动速度取决于负载的观点是不对的。活塞杆的运动速度取决于液压油流量。当采用节流阀进行调速时，负载的变化会引起液压油流量的变化，从而使活塞杆的运动速度发生改变。

2. 模拟仿真

学生在教师指导下使用 FluidSIM 软件进行节流调速回路设计，并进行模拟仿真。

（1）使用 FluidSIM 软件对图 3-22 所示的三种情况进行模拟仿真。

（2）节流阀调速时，通过节流阀的液压油流量主要和哪些因素有关？

（3）节流调速回路分为进油节流调速回路、回油节流调速回路、旁路节流调速回路，请查阅相关资料，说出其各自的优点和缺点。

（4）如图 3-22 所示，液压回路中溢流阀的主要作用是什么？

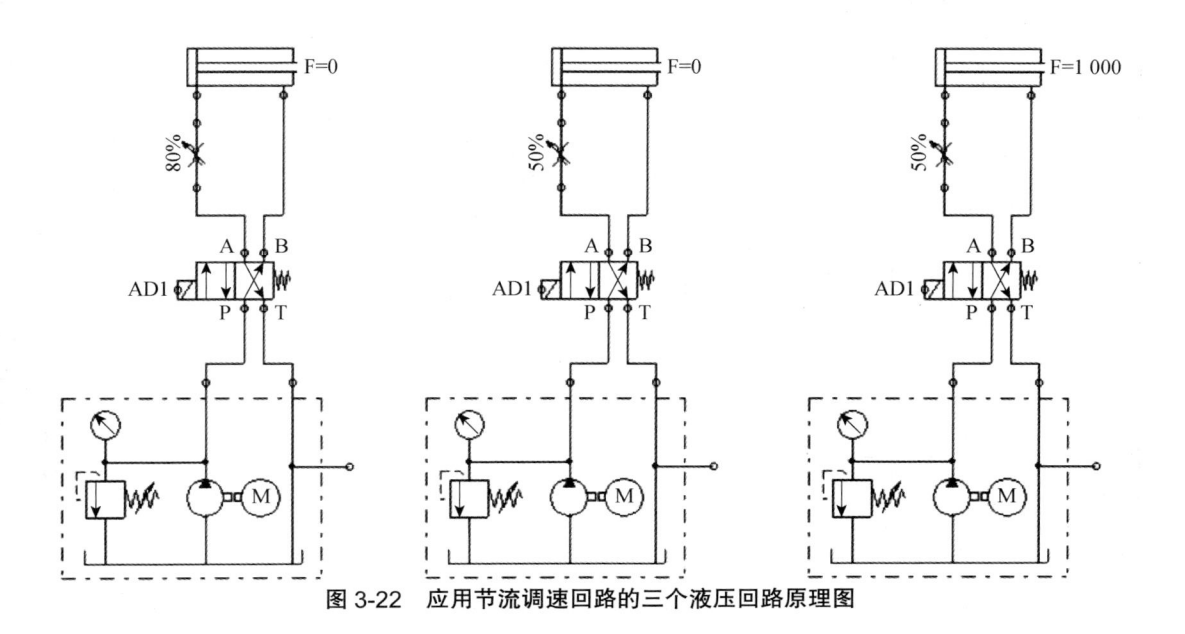

图 3-22 应用节流调速回路的三个液压回路原理图

3. 在表 3-7 中列出了节流调速回路设计中用到的部分液压元件的职能符号，请将该表补充完整。

表 3-7 节流调速回路设计中使用的部分液压元件

序号	职能符号	元件名称	数量	作用
1				
2				
3				
4				

三、任务评价

请学生和教师填写任务检查评分表（见表 3-8）。

表 3-8 任务检查评分表（节流调速回路设计）

序号	检查评分项目	自我检查结果	自我评分	组内检查结果	组内评分	小组互查结果	小组互评分	教师检查结果	教师评分
1	遵守安全操作规范（10分）								
2	态度端正，工作认真（10分）								
3	正确识别各元件的符号（20分）								
4	正确说出各元件的作用（20分）								
5	正确完成模拟仿真的全部内容（20分）								
6	正确排查回路故障（10分）								
7	做好 6S 管理工作（10分）								
合计									
总分									

1.4 容积节流调速回路设计

➲ 任务描述

因为动力滑台工作速度的平稳性对加工质量影响较大,所以多数情况下采用性能较好的调速阀对动力滑台进行调速。

➲ 任务实施

一、课前准备

通过网络学习平台和图书资料,预习调速阀等相关知识。

二、任务引导

1. 新知识学习

1)调速阀

动力滑台等设备工作时要求速度平稳,不受负载变化的影响。因此,无法使用节流阀调速,需要使用另一种流量控制元件——调速阀。

调速阀由定差减压阀和节流阀串联而成,其结构图和职能符号如图 3-23 所示。

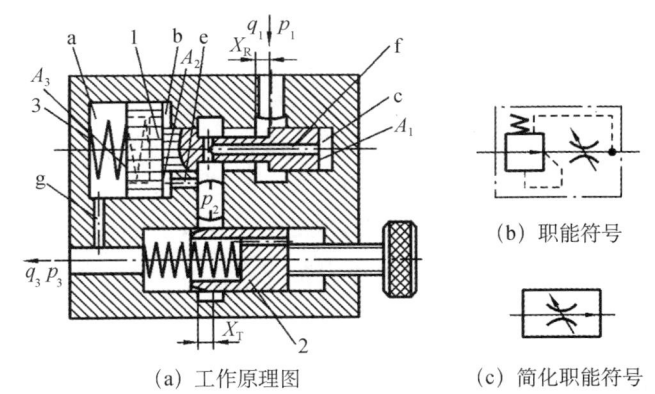

1—定差减压阀　2—节流阀　3—调压弹簧　a、b、c—小油腔　e、f、g—通油小孔　X_R—减压口　X_T—节流口

图 3-23　调速阀的工作原理图和职能符号

(1) 调速阀的工作原理

如图 3-23 所示,调速阀工作时,其进油口一般通过换向阀连接液压泵和溢流阀。液压油经调速阀进入液压缸会受到阻力,溢流阀就会打开溢流。调速阀的进口压力 p_1 稳定为溢流阀的调定压力,不再改变。调速阀的出口压力 p_3,随着负载的变化而变化。

当负载增加时,调速阀出口压力 p_3 增大,通过调速阀内部小孔反馈到定差减压阀的弹簧腔,定差减压阀阀芯向右移动,减压口增大,减压能力减弱,定差减压阀出口和节流阀进口的压力 p_2 增大。当负载减小时,调速阀出口压力 p_3 减小,通过调速阀内部小孔反馈到定差减压阀的弹簧腔,定差减压阀阀芯向左移动,减压口减小,减压能力增强,定差减压阀出口和节流阀进口的压力 p_2 减小。

通过上述分析不难看出,节流阀的进口压力 p_2 和出口压力 p_3,要么同时增大,要么同时减小。那么，它们的压力差能不能基本保持不变呢？

根据图 3-23 和上述分析，我们可以得出

$$\begin{cases} A_1 + A_2 = A_3 \\ p_2 A_1 + p_2 A_2 = p_3 A_3 + kx \end{cases}$$

所以

$$\Delta p = p_2 - p_3 = \frac{kx}{A_3}$$

因为减压阀弹簧为软弹簧，所以 k 值较小。当减压阀阀芯移动，弹簧压缩量 x 发生微量变化时，kx 的值变化很小，节流阀进口压力 p_2 和调速阀出口压力 p_3 的压力差 Δp 基本保持不变。也就是说，负载的变化不会引起节流阀进口压力 p_2 和节流阀出口压力 p_3 压力差的变化，也就不会引起通过节流阀的液压油流量变化，所以通过调速阀的液压油流量，只与节流阀的节流口面积有关。

2）叶片泵

（1）双作用叶片泵

① 双作用叶片泵的结构和工作原理

双作用叶片泵的结构图和职能符号如图 3-24 所示，它是由定子、转子、叶片和配油盘（图中未画出）等组成的。转子 2 和定子 1 中心重合，定子 1 内表面近似为椭圆形，该椭圆形由两段长半径圆弧、两段短半径圆弧和四段过渡曲线所组成。当转子 2 转动时，叶片 3 在离心力和（建压后）根部液压油的压力作用下，在转子槽内向外移动而压向定子内表面，在叶片 3、定子 1 的内表面、转子的外表面和两侧配油盘间形成若干个密封空间。如图 3-24 所示，当转子按逆时针旋转时，处在小圆弧上的密封空间经过渡曲线运动到大圆弧上，叶片外伸，密封空间容积增大，吸入油液；处在大圆弧上的密封空间经过渡曲线运动到小圆弧上，叶片被定子内壁逐渐压入槽内，密封空间容积变小，将油液从压油口压出。因为转子每转一周，每个密封空间要完成两次吸油和两次压油过程，所以这种叶片泵称为双作用叶片泵。由于双作用叶片泵有两个吸油腔和两个压油腔，并且各自的中心夹角是对称的，作用在转子上的油液压力相互平衡，因此双作用叶片泵又称为卸荷式叶片泵。为了使径向力完全平衡，密封空间数（即叶片数）应当是双数。无论压油区压力高还是低，都不会使传动轴发生弯曲变形，双作用叶片泵的最高工作压力不受结构限制，因此它是一种高压泵。

② 双作用叶片泵的特点

双作用叶片泵的定子和转子是同心安装的，安装位置不可调，排量不可调，所以双作用叶片泵是一种定量泵。

双作用叶片泵的叶片一般是前倾布置的，这样做是因为双作用叶片泵定子内表面对叶片的作用力与叶片所受到的离心力的合力的方向刚好是向前倾的，叶片前倾布置有利于叶片甩出。

③ 双作用叶片泵的改造

为了保证双作用叶片泵的叶片紧贴定子内表面，通常将其叶片槽底部与压油区的液压油

连通，这就使得处于吸油区的叶片顶部和处于压油区的叶片底部的液压作用力不平衡，叶片顶部以很大的压紧力抵在定子吸油区的内表面上，接触面磨损严重，影响双作用叶片泵的使用寿命。工作压力越高，接触面磨损越严重。这严重限制了双作用叶片泵工作压力的提高。

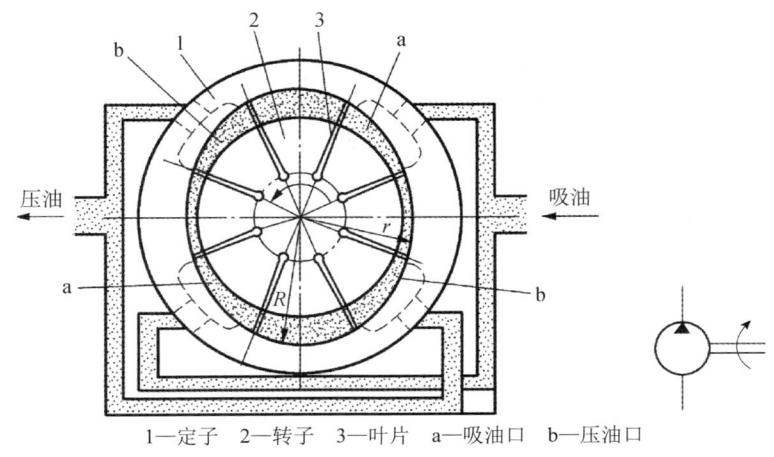

1—定子 2—转子 3—叶片 a—吸油口 b—压油口

图 3-24 双作用叶片泵的结构图和职能符号

要想提高双作用叶片泵的工作压力，就得想办法减小叶片顶部和底部的液压不平衡力。可采用下面两种方法解决此问题。

方法 1：采用子母叶片结构，通过减小叶片底部的作用面积，来减小不平衡力。

子母叶片结构如图 3-25 所示，母叶片底部在吸油区时和吸油区相通，在压油区时和压油区相通，在母叶片和子叶片之间有个小密封容腔 C 始终与压油区相通，产生的压力保证母叶片与定子内表面接触，实际上是通过减小接触面积的方法来减小液压不平衡力。

方法 2：采用双叶片结构，减小叶片顶部和底部液压的不平衡力。

双叶片结构如图 3-26 所示，在叶片 1 和叶片 2 之间有个小孔 c，通过小孔 c 把叶片顶部和底部连通，使叶片顶部和底部液压油的压力相等，叶片受到的液压不平衡力减小。

（2）单作用叶片泵

① 单作用叶片泵的结构和原理

单作用叶片泵的结构图和职能符号如图 3-27 所示，它是由定子、转子、叶片等组成的。定子 2 具有圆柱形内表面，定子 2 和转子 1 间有偏心距 e，叶片 3 装在转子 1 的槽中，并可在槽内移动。当转子 1 旋转时，叶片在离心力的作用下紧靠在定子内壁上，这样在定子 2、转子 1、叶片 3 和两侧配油盘间就形成若干个密封的工作空间。当转子按如图 3-27 所示逆时针方向旋转时，在图 3-27 的右半部分，叶片逐渐伸出，密封工作空间逐渐增大，从吸油口吸油，这就是吸油腔。在图 3-27 的左半部分，叶片被定子内壁逐渐压进槽内，密封工作空间逐渐减小，将油液从压油口压出，这就是压油腔。在吸油腔和压油腔间有一片封油区，把吸油腔和压油腔隔开。因为单作用叶片泵转子每转一周，每个密封工作空间完成一次吸油和压油，所以这种叶片泵称为单作用叶片泵。

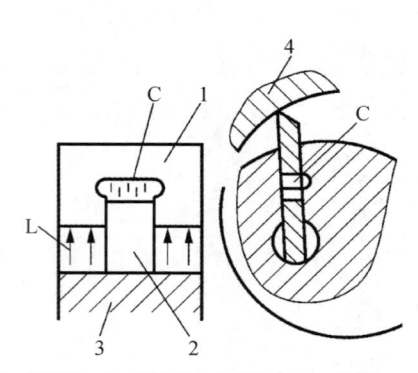

1—母叶片　2—子叶片　3—转子　4—定子
C—母叶片和子叶片间的密封容腔　L—叶片根部密封容腔
图 3-25　子母叶片结构

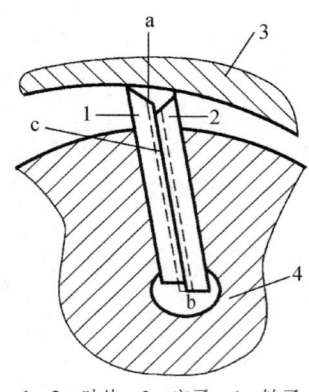

1、2—叶片　3—定子　4—转子
a—叶片顶部密封容腔　b—叶片根部密封容腔　c—通道
图 3-26　双叶片结构

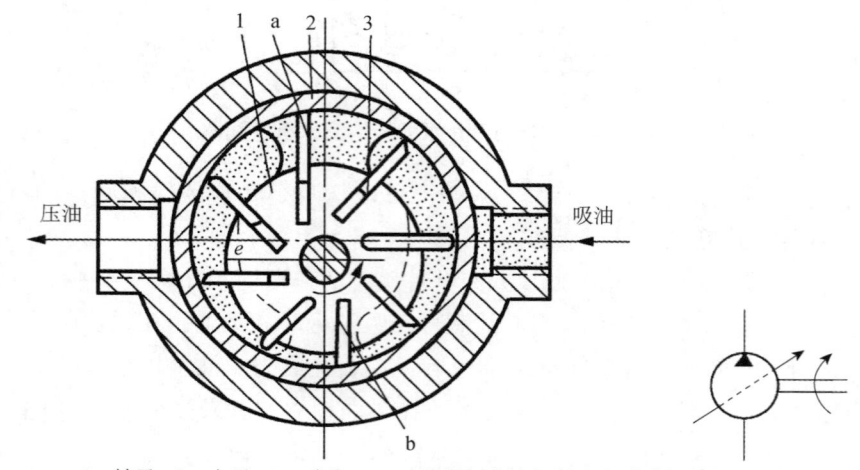

1—转子　2—定子　3—叶片　a—叶片顶部密封容腔　b—叶片根部密封容腔
图 3-27　单作用叶片泵的结构图和职能符号

② 单作用叶片泵的特点

偏心距 e 越大，单作用叶片泵的排量越大；偏心距 e 越小，单作用叶片泵的排量越小。改变偏心量，就可以改变单作用叶片泵的排量，所以单作用叶片泵是变量泵。

单作用叶片泵只有一个吸油区和一个压油区。因为吸油区的油压低于压油区的油压，所以传动轴受到的径向力不平衡。压油区压力越高，径向不平衡力越大，传动轴越容易发生弯曲变形。为了减小径向不平衡力，单作用叶片泵压油区的工作压力受到限制，一般不允许超过 7 MPa，因此单作用叶片泵是一种中低压泵。

单作用叶片泵的叶片一般是后倾布置的，主要是因为单作用叶片泵定子内表面对叶片的作用力与叶片所受到的离心力的合力，刚好是向后倾的一个方向，叶片后倾布置有利于叶片甩出。

（3）限压式变量叶片泵

① 限压式变量叶片泵的结构和工作原理

限压式变量叶片泵是一种单作用叶片泵，通过自动改变定子与转子间

限压式
变量叶片泵

的偏心距 e，来改变限量式变量叶片泵的输出流量。限压式变量叶片泵的结构图和职能符号如图 3-28 所示，其转子 1 的旋转中心是固定的，而定子 2 相对转子 1 的偏心距 e 是可调的。定子 2 的左侧设置有反馈油缸和活塞 6，右侧设置有调压弹簧 3 和调压螺钉 4。在反馈油缸里作用的油液来源于限量式变量叶片泵的液压油出口，当限量式变量叶片泵正常工作时，定子在出口油的反馈压力和调压弹簧的共同作用下，处于一个相对平衡的位置。由于限压式变量叶片泵的反馈控制是作用到定子外部的，所以它也称为外反馈式限压式变量叶片泵。

② 限压式变量叶片泵的工作情况

当限压式变量叶片泵刚刚开始工作且出油口压力尚未建立起来时，或者当外部载荷较小整个液压系统的油压很低，活塞上的液压力还不足以克服调压弹簧的作用力时，定子在调压弹簧的作用下处于最左边的位置（最大偏心位置，该位置取决于限位螺钉 7，所以限位螺钉 7 称为最大流量调定螺钉），即限压式变量叶片泵处于输出流量最大的状态。

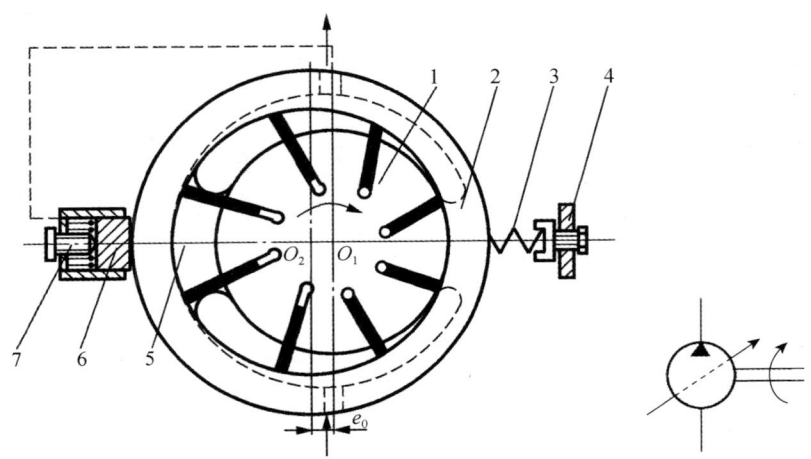

1—转子　2—定子　3—调压弹簧　4—调压螺钉　5—油腔　6—活塞杆　7—限位螺钉

图 3-28　限压式变量叶片泵的结构图和职能符号

当外部载荷有变化时，引起整个液压系统压力变化，会导致限压式变量叶片泵输出流量的变化。当外负载增大时，整个液压系统压力升高，活塞上的液压力大于调压弹簧的弹力。定子会在活塞的作用下向右移动，偏心距减小，限压式变量叶片泵输出流量减小，液压执行元件的移动速度也会相应减慢。当外负载减小时，整个液压系统压力降低，活塞上的液压力小于调压弹簧的弹力。定子向左移动，偏心距增大，限压式变量叶片泵输出流量增大，液压执行元件的移动速度也会相应加快。

当限压式变量叶片泵的出油口压力由于系统的超载或过载而超过调压弹簧所调定的最高限定压力时，调压弹簧将处于最大压缩状态，活塞将定子压到最右边的位置，此时的偏心距为零（或接近于零），限压式变量叶片泵将停止向外供油，从而防止了出油口压力的继续升高，起到安全保护的作用。调压弹簧 3 的调定压力称为限定压力，它取决于螺钉 4，所以螺钉 4 称为限定压力调定螺钉。

2. 模拟仿真

学生在教师的指导下使用 FluidSIM 软件进行容积节流调速回路设计，并进行模拟仿真。

请根据图 3-29 所示容积节流调速回路液压原理图，将图 3-30 所示容积节流调速回路电路图补充完整，并根据这两幅图回答下面几个问题。

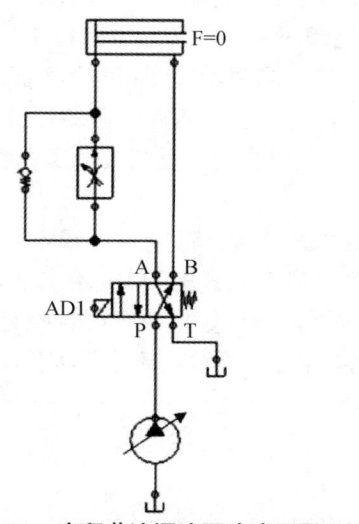

图 3-29　容积节流调速回路液压原理图　　图 3-30　容积节流调速回路电路图

（1）写出液压油的传动路线。

活塞杆伸出时：

活塞杆缩回时：

（2）为何要将调速阀与单向阀并联？必须采用这样的连接方式吗？

（3）图 3-29 中选用的是什么类型的液压泵？它的旁边为何不用并联溢流阀呢？

（4）简述容积节流调速回路的工作原理。

3. 表 3-9 中列出了容积节流调速回路设计中用到的部分液压元件的职能符号，请将该表补充完整。

表 3-9　容积节流调速回路设计中使用的部分液压元件

序号	职能符号	元件名称	数量	作用
1				

续表

序号	职能符号	元件名称	数量	作用
2				
3				
4				

三、任务评价

请学生和教师填写任务检查评分表（见表3-10）。

表3-10 任务检查评分表（容积节流调速回路设计）

序号	检查评分项目	自我检查结果	自我评分	组内检查结果	组内评分	小组互查结果	小组互评分	教师检查结果	教师评分
1	遵守安全操作规范（10分）								
2	态度端正，工作认真（10分）								
3	正确识别各元件的符号（20分）								
4	正确说出各元件的作用（20分）								
5	正确完成模拟仿真的全部内容（20分）								
6	正确排查回路故障（10分）								
7	做好6S管理工作（10分）								
合计									
总分									

1.5 调速阀串联速度换接回路设计

⊃ **任务描述**

因为动力滑台的移动速度对机床加工工件的质量影响较大，所以动力滑台移动速度的切换和调整较为重要，可采用调速阀串联速度换接回路对动力滑台移动速度进行调整。

⊃ 任务实施

一、课前准备

通过网络学习平台和图书资料，复习调速阀等相关知识。

二、任务引导

1. 模拟仿真

学生在教师指导下使用 FluidSIM 软件进行调速阀串联速度换接回路设计，并进行模拟仿真。

（1）调速阀串联速度换接回路液压原理图如图 3-31 所示，请将"√"处补全并据此画出与之配套的电路图，使活塞杆伸出时速度先快（一工进）后慢（二工进）。

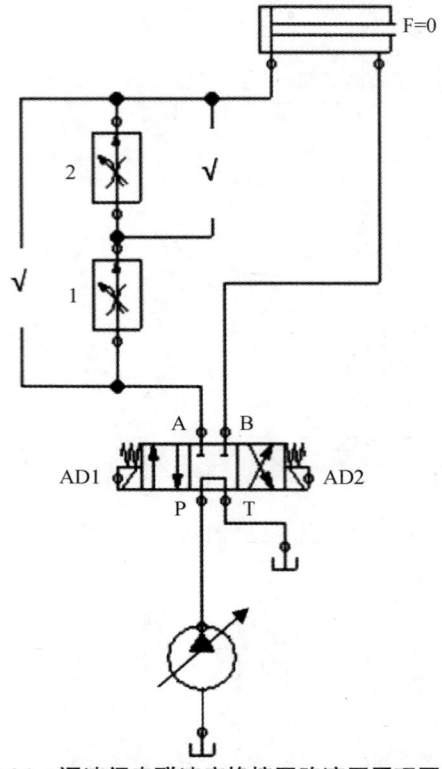

电路图

图 3-31 调速阀串联速度换接回路液压原理图

（2）写出液压油的传动路线。

一工进时：

二工进时：

活塞杆缩回时：

(3)将调速阀串联速度换接回路中各电磁铁的动作顺序填入表 3-11 中,通电状态用"+"表示,断电状态用"-"表示。

表 3-11　调速阀串联速度换接回路中各电磁铁的动作顺序表

动作顺序	电磁铁 AD1	电磁铁 AD2	电磁铁 AD3
一工进			
二工进			
快退			
停止卸荷			

(4)如图 3-31 所示,调速阀 1 和调速阀 2 哪一个的调定流量大?为什么?

3. 表 3-12 中列出了调速阀串联速度换接回路设计中用到的部分液压元件的职能符号,请将该表补充完整。

表 3-12　调速阀串联速度换接回路设计中使用的部分液压元件

序号	职能符号	元件名称	数量	作用
1				
2				
3				

三、任务评价

请学生和教师填写任务检查评分表(见表 3-13)。

表 3-13　任务检查评分表(调速阀串联速度换接回路设计)

序号	检查评分项目	自我检查结果	自我评分	组内检查结果	组内评分	小组互查结果	小组互评分	教师检查结果	教师评分
1	遵守安全操作规范(10 分)								
2	态度端正,工作认真(10 分)								
3	正确识别各元件的符号(20 分)								
4	正确说出各元件的作用(20 分)								

续表

序号	检查评分项目	自我检查结果	自我评分	组内检查结果	组内评分	小组互查结果	小组互评分	教师检查结果	教师评分
5	正确完成模拟仿真的全部内容（20分）								
6	正确排查回路故障（10分）								
7	做好6S管理工作（10分）								
合计									
总分									

1.6 行程换向阀速度换接回路设计

⊃ 任务描述

因为动力滑台的移动速度换接对机床加工工件的质量影响较大，所以动力滑台移动速度换接较为重要，可采用换接平稳的行程换向阀对动力滑台移动速度进行换接。

⊃ 任务实施

一、课前准备

通过网络学习平台和图书资料，预习行程换向阀等相关知识。

二、任务引导

1. 新知识学习

1）行程换向阀

行程换向阀常用来控制机械运动部件的行程。

常用的行程换向阀通常有二位二通和二位三通两种。根据行程换向阀在常态位时的通断情况，又可将其分为常开行程换向阀和常闭行程换向阀。如果行程换向阀在常态位时，其所在的油路不通油，换向之后其所在的油路通油，则称为常闭行程换向阀，反之，则称为常开行程换向阀。

机动换向阀（行程换向阀）

（1）二位三通滚轮式行程换向阀的工作原理

二位三通滚轮式行程换向阀的结构图和职能符号如图3-32所示，它有一个滚轮4，靠弹簧1复位。当机械挡块5没有撞到滚轮4时，阀芯2被弹簧1推向上端，油口P和油口A通油，油口B关闭，此位置称为下位，各油口的通断情况画在下面的方框里。当机械挡块5撞到滚轮4时，机械力把阀芯2推到下端，油口P和油口B通油，油口A关闭，此位置称为上位。

（2）滚轮式行程换向阀的工作特点

滚轮式行程换向阀结构简单，换向时阀口逐渐关闭或打开，换向平稳、可靠，可用于控制运动部件的行程或实现快速与慢速之间的转换。滚轮式行程换向阀的缺点是必须将其精确安装在运动部件附近，当运动部件经过时，能正好压下滚轮。另外，行程换向阀的

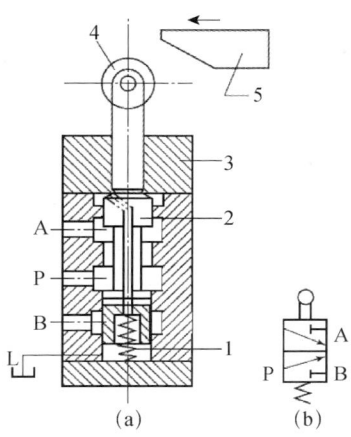

1—弹簧　2—阀芯　3—上盖　4—滚轮　5—机械挡块

图 3-32　二位三通滚轮式行程换向阀的结构图和职能符号

油管较长,压力损失较大。

2. 模拟仿真

学生在教师的指导下使用 FluidSIM 软件进行行程换向阀速度换接回路设计,并进行模拟仿真。

(1)行程换向阀速度换接回路液压原理图如图 3-33 所示,请在"√"处补充相应液压元件,画出完整的行程换向阀 S1。然后画出与之配套的电路图,使活塞杆伸出时速度先快(快进)后慢(一工进),然后再变慢(二工进)。

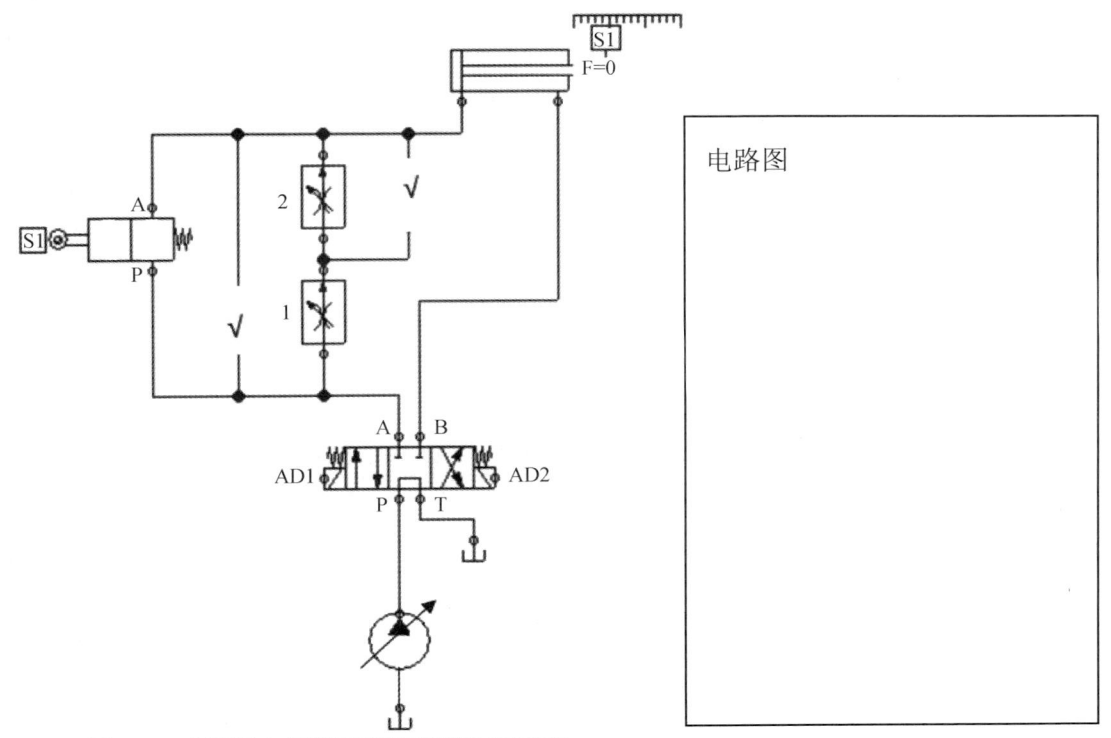

图 3-33　行程换向阀速度换接回路液压原理图

（2）写出液压油的传动路线。

快进时：

一工进时：

二工进时：

活塞杆缩回时：

（3）使用行程换向阀时需要注意的问题是什么？

3. 表 3-14 中列出了行程换向阀速度换接回路设计中用到的部分液压元件的职能符号，请将该表补充完整。

表 3-14　行程换向阀速度换接回路设计中使用的部分液压元件

序号	职能符号	元件名称	数量	作用
1				
2				
3				

三、任务评价

请学生和教师填写任务检查评分表（见表 3-15）。

表 3-15　任务检查评分表（行程换向阀速度换接回路设计）

序号	检查评分项目	自我检查结果	自我评分	组内检查结果	组内评分	小组互查结果	小组互评分	教师检查结果	教师评分
1	遵守安全操作规范（10分）								
2	态度端正，工作认真（10分）								

续表

序号	检查评分项目	自我检查结果	自我评分	组内检查结果	组内评分	小组互查结果	小组互评分	教师检查结果	教师评分
3	正确识别各元件的符号（20分）								
4	正确说出各元件的作用（20分）								
5	正确完成模拟仿真的全部内容（20分）								
6	正确排查回路故障（10分）								
7	做好6S管理工作（10分）								
合计									
总分									

1.7 压力继电器控制的自动返回运动回路设计

⊃ 任务描述

动力滑台的工作完成后，需要自动返回，此时会用到压力控制元件——压力继电器。

⊃ 任务实施

一、课前准备

通过网络学习平台和图书资料，预习压力继电器等相关知识。

二、任务引导

压力继电器

1. 新知识学习

压力继电器又称为油电开关，是一种将液压油的压力信号转换为电信号的元件。

压力继电器有柱塞式、膜片式、弹簧管式等结构形式。

柱塞式压力继电器的结构图和职能符号如图3-34所示，它由柱塞、顶杆、微动开关和调压螺母等几部分组成，转动调压螺母3可以改变弹簧的压缩量，从而改变调定压力的大小。

液压油经控制油口作用在柱塞1下端面上。当液压油的压力大于调定压力时，柱塞1上移，带动顶杆2上移，顶杆上端触动微动开关4，使常开触点闭合、常闭触点断开，从而发出电信号，让电磁铁通电或断电。当液压油的压力小于调定压力时，柱塞1、顶杆2、微动开关4等依次复位，使常开触点断开、常闭触点闭合，电信号切断。

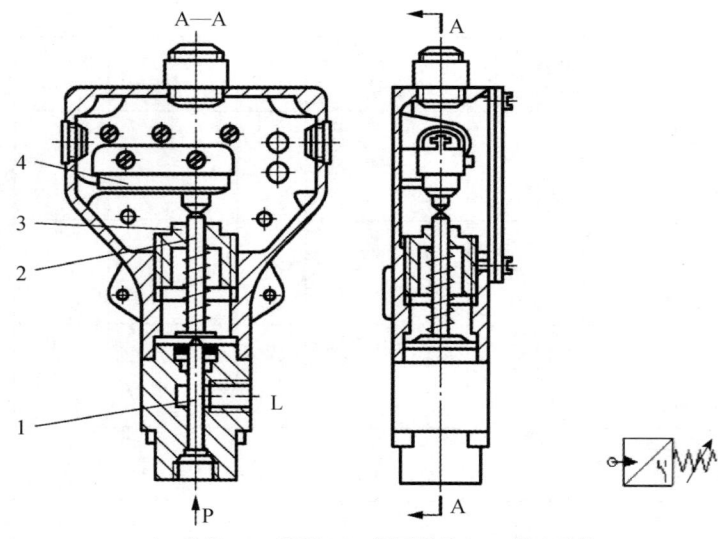

1—柱塞　2—顶杆　3—调压螺母　4—微动开关

图 3-34　柱塞式压力继电器的结构图和职能符号

2. 模拟仿真

学生在教师的指导下使用 FluidSIM 软件进行压力继电器控制的自动返回运动回路设计，并进行模拟仿真。

（1）压力继电器控制的自动返回运动回路液压原理图如图 3-35 所示，请在图中"√"处添加压力继电器，然后画出与之配套的电路图，使活塞杆伸出后自动返回。

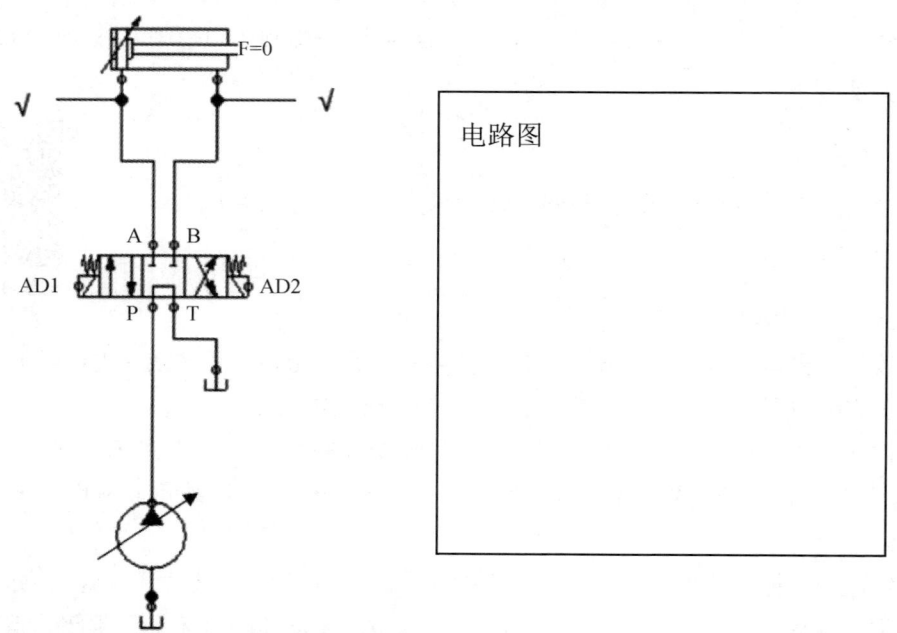

图 3-35　压力继电器控制的自动返回运动回路液压原理图

（2）调定压力继电器的压力时需要注意哪些问题？

3. 表 3-16 中列出了压力继电器控制的自动返回运动回路设计中用到的部分液压元件的职能符号，请将该表补充完整。

表 3-16　压力继电器控制的自动返回运动回路设计中使用的部分液压元件

序号	职能符号	元件名称	数量	作用
1				
2				
3				
4				

三、任务评价

请学生和教师填写任务检查评分表（见表3-17）。

表 3-17　任务检查评分表（压力继电器控制的自动返回运动回路设计）

序号	检查评分项目	自我检查结果	自我评分	组内检查结果	组内评分	小组互查结果	小组互评分	教师检查结果	教师评分
1	遵守安全操作规范（10 分）								
2	态度端正，工作认真（10 分）								
3	正确识别各元件的符号（20 分）								
4	正确说出各元件的作用（20 分）								

续表

序号	检查评分项目	自我检查结果	自我评分	组内检查结果	组内评分	小组互查结果	小组互评分	教师检查结果	教师评分
5	正确完成模拟仿真的全部内容（20分）								
6	正确排查回路故障（10分）								
7	做好6S管理工作（10分）								
合计									
总分									

任务2　动力滑台液压系统传动分析

2.1　YT4543型组合机床动力滑台液压系统

YT4543型组合机床是由一些通用零部件和专用零部件组合而成的专用机床，被广泛应用于生产中。该组合机床上的主要通用部件——动力滑台，是用来实现进给运动的，只要配以不同用途的主轴头，即可实现钻、扩、铰、镗、铣、刮工艺。动力滑台有机械动力滑台和液压动力滑台之分。液压动力滑台能将液压泵所提供的液压能转变成动力滑台运动所需的机械能。

2.2　YT4543型组合机床动力滑台液压系统回路分析

YT4543型组合机床动力滑台可以完成多种不同的工作循环，其中一种比较典型的工作循环是：快进→一工进→二工进→死挡块停留→快退→停止。

1. 快进

YT4543型组合机床动力滑台快进时的液压原理如图3-36所示。按下启动按钮，电液换向阀5的电磁铁1YA得电，主阀换为左位工作。限压式变量叶片泵2输出的液压油经单向阀3、电液换向阀5主阀左位、行程换向阀17下位进入液压缸19的左腔，进油路阻力较小，此时，系统还没有进入加工状态，负载也较小。因此，变量泵2输出的工作压力比较低，小于顺序阀7的开启压力，顺序阀7关闭不通油，液压缸右腔的油只能经过电液换向阀5主阀左位、单向阀9、行程换向阀17下位进入液压缸左腔，使液压缸差动连接，实现快速运动，同时，限压式变量叶片泵 2 在低压时输出的流量也比较大，使快进速度进一步加快。

1）写出快进时液压油的传动路线。

差动连接：

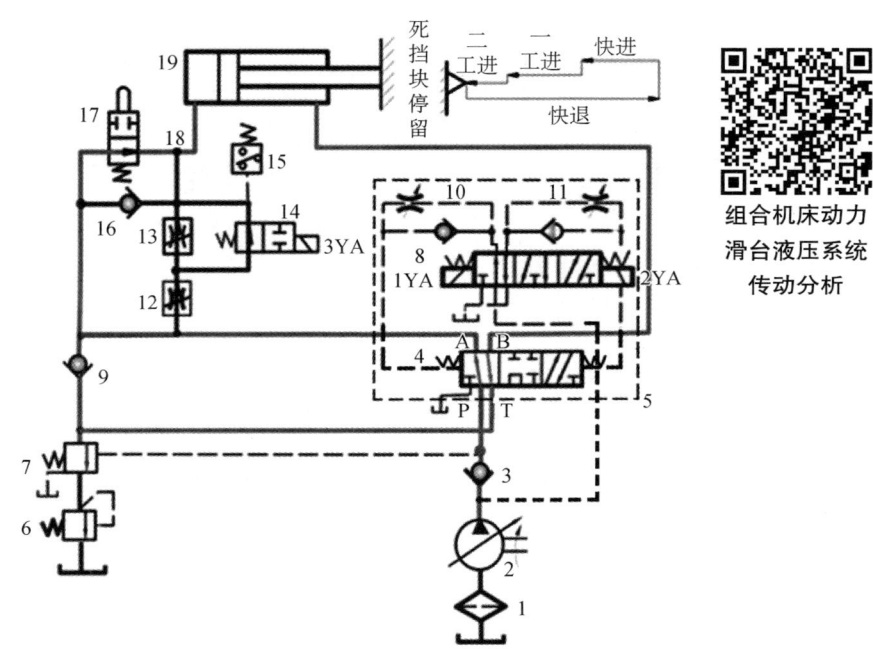

1—过滤器 2—限压式变量叶片泵 3—单向阀 4—三位五通液控换向阀 5—三位五通电液换向阀 6—溢流阀 7—外控式顺序阀 8—单向阀 9—单向阀 10—节流阀 11—节流阀 12—调速阀 13—调速阀 14—二位二通电磁换向阀 15—压力继电器 16—单向阀 17—行程阀 18—三通接头 19—液压缸

图 3-36　YT4543 型组合机床动力滑台快进时的液压原理图

2．一工进

YT4543 型组合机床动力滑台液压系统一工进时的工作原理如图 3-37 所示。在快进行程结束后，滑台上的挡块压下行程换向阀 17，行程换向阀 17 不再通油，液压油必须经过调速阀 12、换向阀 14 左位进入液压缸左腔，因调速阀节流口面积小，油会受到较大的阻力，同时，系统也进入加工状态，因此，变量泵 2 输出的压力升高，引起的反应，一是变量泵输出的流量减少，再就是顺序阀 7 被打通，液压缸右腔的液压油经过顺序阀 7、溢流阀 6 流回油箱，差动连接断开。两个方面的影响，使液压缸速度减慢，实现快进向一工进的转换；溢流阀 6 的作用是适当引起回油路的背压，增加液压缸的速度平稳性。

1—过滤器 2—限压式变量叶片泵 3—单向阀 4—三位五通液控换向阀 5—三位五通电液换向阀 6—溢流阀 7—外控式顺序阀 8—单向阀 9—单向阀 10—节流阀 11—节流阀 12—调速阀 13—调速阀 14—二位二通电磁换向阀 15—压力继电器 16—单向阀 17—行程阀 18—三通接头 19—液压缸

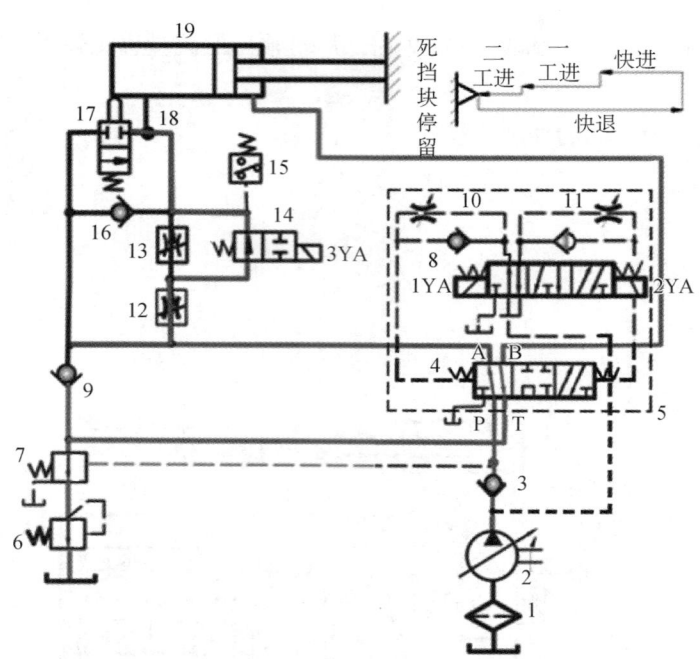

图 3-37 YT4543 型组合机床动力滑台一工进时的液压原理图

写出一工进时液压油的传动路线。

进油路：

回油路：

3. 二工进

YT4543 型组合机床动力滑台液压系统二工进时的工作原理如图 3-38 所示。

当二位二通电磁换向阀 14 的电磁铁 3YA 通电时，电磁换向阀 14 换为右位，不再通油，液压油必须经过调速阀 12 和调速阀 13 才能进入液压缸左腔，根据需要，提前设定调速阀 13 的开口小于调速阀 12 的开口，液压泵 2 输出的流量取决于调速阀 13，变得更小，速度变得更慢，实现一工进和二工进之间的速度换接。

1—过滤器　2—限压式变量叶片泵　3—单向阀　4—三位五通液控换向阀　5—三位五通电液换向阀　6—溢流阀　7—外控式顺序阀　8—单向阀　9—单向阀　10—节流阀　11—节流阀　12—调速阀　13—调速阀　14—二位二通电磁换向阀　15—压力继电器　16—单向阀　17—行程阀　18—三通接头　19—液压缸

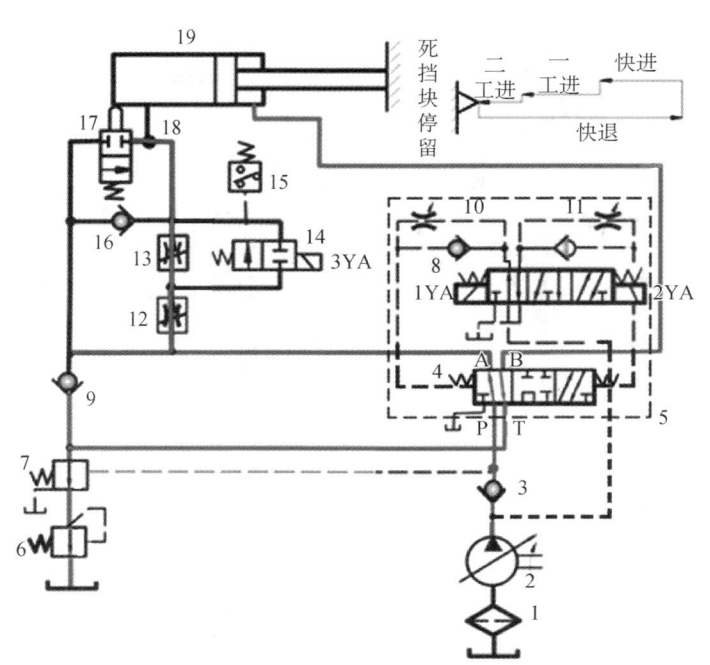

图 3-38　YT4543 型组合机床动力滑台二工进时的液压原理图

写出二工进时液压油的传动路线。

进油路：

回油路：

4. 死挡块停留

为保证进给时的尺寸精度，YT4543 型组合机床动力滑台利用死挡块停留来进行限位。

YT4543 型组合机床动力滑台液压系统死挡块停留时的工作原理图如图 3-39 所示，当动力滑台二工进终了并碰上死挡块后，液压缸停止不动，系统的压力进一步升高至达到压力继电器 15 的调定值时，经过时间继电器的延时，再次发出电信号，使液压动力滑台退回。在时间继电器延时动作前，液压动力滑台停留在死挡块限定的位置上。

1—过滤器　2—限压式变量叶片泵　3—单向阀　4—三位五通液控换向阀　5—三位五通电液换向阀　6—溢流阀　7—外控式顺序阀　8—单向阀　9—单向阀　10—节流阀　11—节流阀　12—调速阀　13—调速阀　14—二位二通电磁换向阀　15—压力继电器　16—单向阀　17—行程阀　18—三通接头　19—液压缸

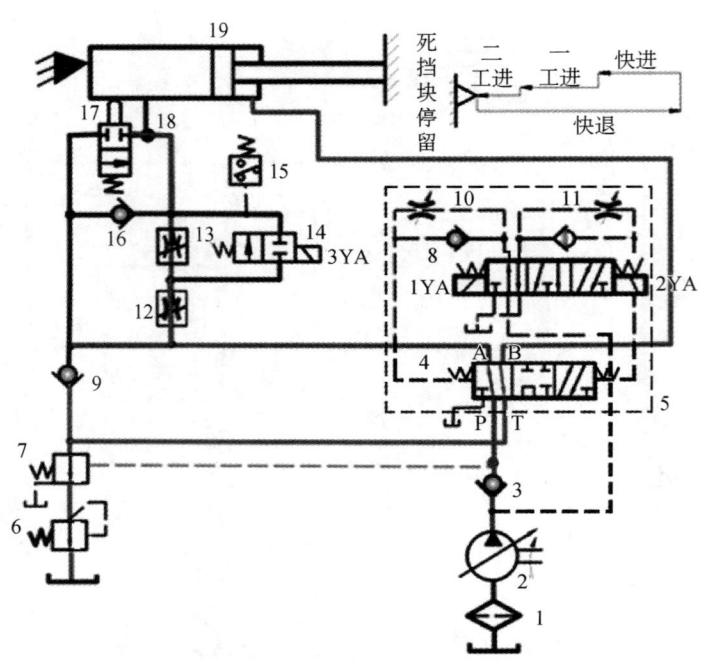

图 3-39　YT4543 型组合机床动力滑台死挡块停留时的液压原理图

5. 快退

时间继电器发出电信号后，电磁铁 2YA 得电，1YA 断电，电液换向阀 5 右位工作。YT4543 型组合机床动力滑台液压系统快退时的工作原理图如图 3-40 所示，此时系统的压力较低，变量泵 2 输出流量大，液压动力滑台快速退回。如果活塞杆的面积约为活塞面积的一半，液压动力滑台快进和快退时的速度大致相等。

写出快退时液压油的传动路线。

进油路：

回油路：

6. 原位停止

YT4543 型组合机床动力滑台液压系统原位停止时的工作原理如图 3-41 所示。当动力滑台退回到原始位置时，挡块压下行程开关，电磁铁 2YA 断电，电液换向阀回到中位，动力滑台停止运动，泵输出的液压油经换向阀中位流回油箱，泵输出的压力几乎为零，实现压力卸荷。

1—过滤器　2—限压式变量叶片泵　3—单向阀　4—三位五通液控换向阀　5—三位五通电液换向阀　6—溢流阀　7—外控式顺序阀　8—单向阀　9—单向阀　10—节流阀　11—节流阀　12—调速阀　13—调速阀　14—二位二通电磁换向阀　15—压力继电器　16—单向阀　17—行程阀　18—三通接头　19—液压缸

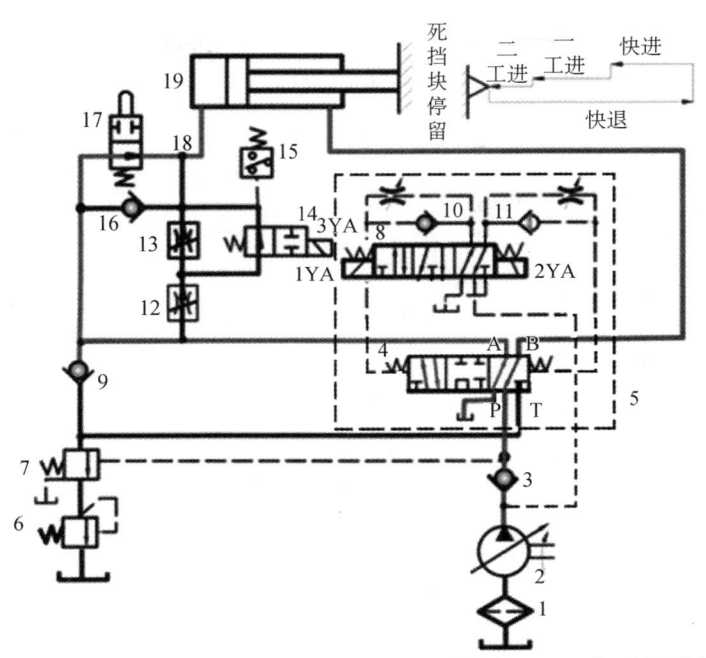

图 3-40　YT4543 型组合机床动力滑台快退时的液压原理图

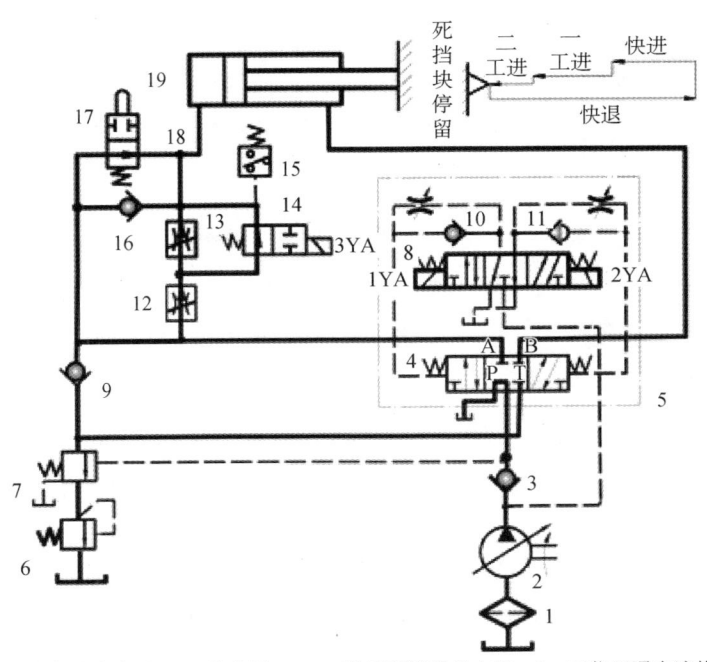

1—过滤器　2—限压式变量叶片泵　3—单向阀　4—三位五通液控换向阀　5—三位五通电液换向阀　6—溢流阀　7—外控式顺序阀　8—单向阀　9—单向阀　10—节流阀　11—节流阀　12—调速阀　13—调速阀　14—二位二通电磁换向阀　15—压力继电器　16—单向阀　17—行程阀　18—三通接头　19—液压缸

图 3-41　YT4543 型组合机床动力滑台原位停止时的液压原理图

7. 根据上述分析，填写 YT4543 型组合机床动力滑台电磁铁动作顺序表（见表 3-18），通电状态用"+"表示，断电状态用"-"表示。压力继电器发生动作用"+"表示，复位用"-"表示。

表 3-18　YT4543 型组合机床动力滑台电磁铁动作顺序表

动作顺序	快进	一工进	二工进	死挡块停留	快退	原位停止
电磁铁 1YA						
电磁铁 2YA						
电磁铁 3YA						
压力继电器 15						

2.3　YT4543 型组合机床动力滑台液压系统的特点

1. 调速回路的特点

在调速回路中采用了限压式变量叶片泵和调速阀，将调速阀设置在进油路上，将背压阀设置在回油路上。

2. 快速运动回路的特点

在快速运动回路中采用限压式变量叶片泵，利用其在低压时输出液压油流量大的特点，结合差动连接来实现快速前进功能。

3. 换向回路的特点

在换向回路中采用电液换向阀实现换向，由压力继电器与时间继电器发出的电信号来控制换向。

4. 快速运动与工作进给换接回路的特点

在快速运动与工作进给换接回路中采用行程换向阀实现速度的换接，同时利用换向后液压系统中压力的升高使液控顺序阀接通，液压系统由快速运动的差动连接回路转换为使回油直接排进油箱的一工进回路。

5. 两种工作进给速度换接回路的特点

在两种工作进给速度换接回路中，采用了两个调速阀串联的结构。

任务 3　叠加阀式液压系统传动分析

● 任务描述

根据叠加阀式液压系统原理图，分析叠加阀式液压系统传动。

○ 任务实施

一、课前准备

通过网络学习平台和图书资料,预习叠加阀等相关知识。

二、任务引导

1. 新知识学习

叠加阀属于液压阀的一种,其结构如图 3-42 所示。与传统液压阀相比,叠加阀的最大优点是不必使用配管即可实现安装,因此减小了液压系统中的泄漏、振动和噪声。相比传统的管路连接,叠加阀无须特殊安装,而且能非常方便更改液压系统的功能。另外,它还能增强液压系统整体的可靠性,且便于日常检查与维修。叠加阀的缺点是选型灵活性不如传统液压阀,只能将通径相同的叠加阀安装在一起。

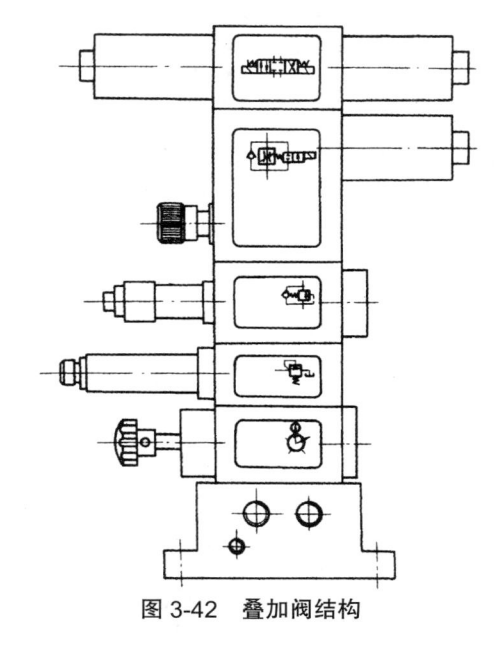

图 3-42　叠加阀结构

叠加阀的工作原理与传统液压阀基本相同,但在整体结构和连接尺寸上有所不同,自成系列。每个叠加阀既有一般液压元件的控制功能,又能起到通道体的作用。同一通径的叠加阀可按要求叠加起来组成各种不同控制功能的液压系统。叠加阀分为 4 油口结构和 5 油口结构,如图 3-43 所示。

(a) 4油口叠加阀

(b) 5油口叠加阀

图 3-43　4 油口叠加阀和 5 油口叠加阀

(1) 叠加式溢流阀

叠加式溢流阀与一般的先导式溢流阀的工作原理相同,有 5 个油口且每个油口皆通油,其结构图和职能符号如图 3-44 所示。

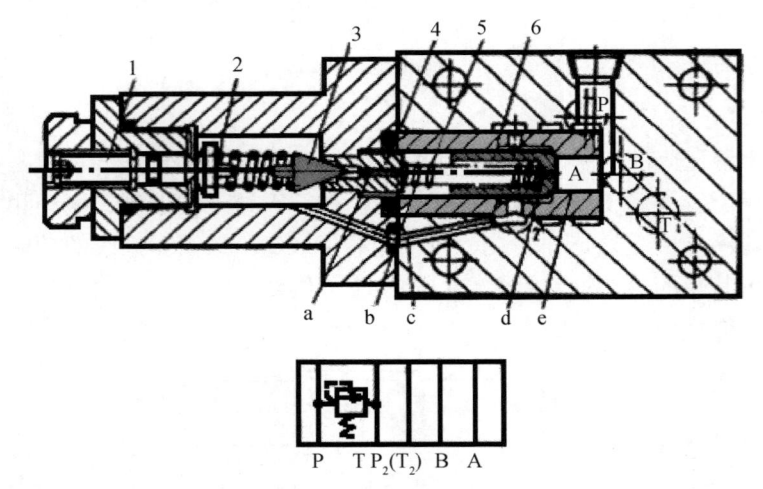

1—推杆　2—弹簧　3—先导阀芯　4—阀座　5—弹簧　6—主阀芯　a、b、c、d、e—腔

图 3-44　叠加式溢流阀的结构图和职能符号

(2) 叠加式单向调速阀

叠加式单向调速阀能维持稳定的液压油流量,使液压油流量不随压力(或负载)的变化而变化,通常用于控制液压回路中的液压油流量,从而精准控制执行元件的速度。叠加式单向调速阀可只调节一个方向的液压油流量而使反方向的液压油自由流动,其结构图和职能符号如图 3-45 所示。

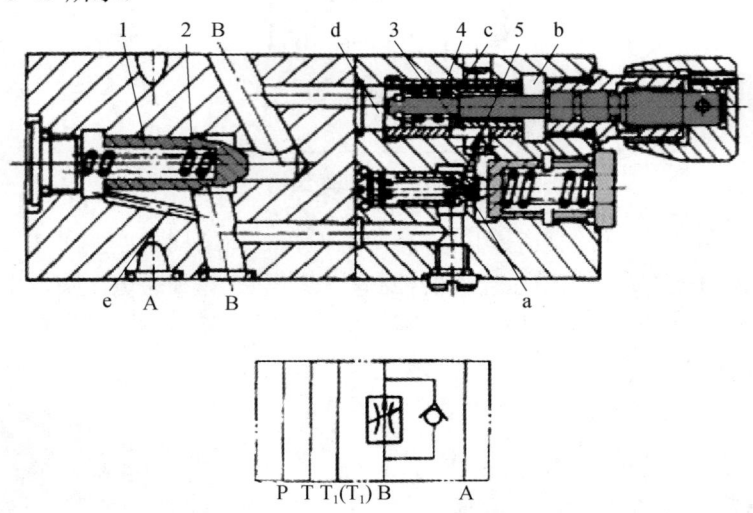

1—单向阀　2—弹簧　3—节流阀　4—弹簧　5—减压阀　a、b、c、d、e—腔

图 3-45　叠加式单向调速阀的结构图和职能符号

(3) 叠加式顺序节流阀

叠加式顺序节流阀是由顺序阀和节流阀组成的复合阀,它兼具顺序阀和节流阀的功能,其

结构图和职能符号如图 3-46 所示。叠加式顺序节流阀采用整体式结构,由阀体、阀芯、节流阀调节杆和顺序阀弹簧等零件组成。在叠加式顺序节流阀中,顺序阀和节流阀共用一个阀芯,节流阀的节流口随着顺序阀控制口的开闭而开闭。节流口的开、闭取决于顺序阀控制油路的压力大小。当顺序阀控制油路的压力大于顺序阀的设定值时,节流口打开;而当顺序阀控制油路的压力小于顺序阀的设定值时,节流口关闭。叠加式顺序节流阀可用于多回路集中供油的液压系统中,可以解决被执行元件工作时的压力干扰问题。

以多缸液压系统为例,工作过程中,当任意一个液压缸由工作进给转为快退时,引起液压系统供油压力的突然降低而造成其余执行元件进给力不足,各液压缸相互间产生压力干扰,这种压力干扰会影响加工精度。如果在多缸液压系统中采用叠加式顺序节流阀,当某个液压缸由工作进给转为快退时,在换向阀转换的瞬间,叠加式顺序节流阀的节流口能迅速关闭,保持液压系统中压力不变,不影响其他液压缸的正常工作。

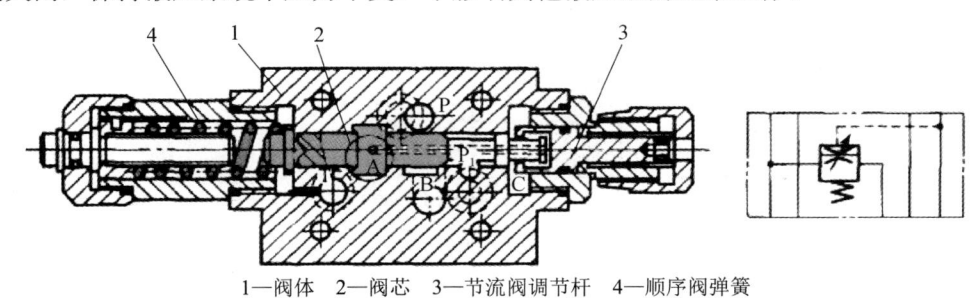

1—阀体 2—阀芯 3—节流阀调节杆 4—顺序阀弹簧

图 3-46 叠加式顺序节流阀的结构图和职能符号

(4) 叠加式电动单向调速阀

叠加式电动单向调速阀的结构图和职能符号如图 3-47 所示,它由板式连接的调速阀部分Ⅰ、主体部分Ⅱ、板式结构的先导阀部分Ⅲ等三部分组合而成。叠加式电动单向调速阀采用组合式结构,板式连接的调速阀部分Ⅰ可采用普通单向调速阀等通用件,通用化程度较高。

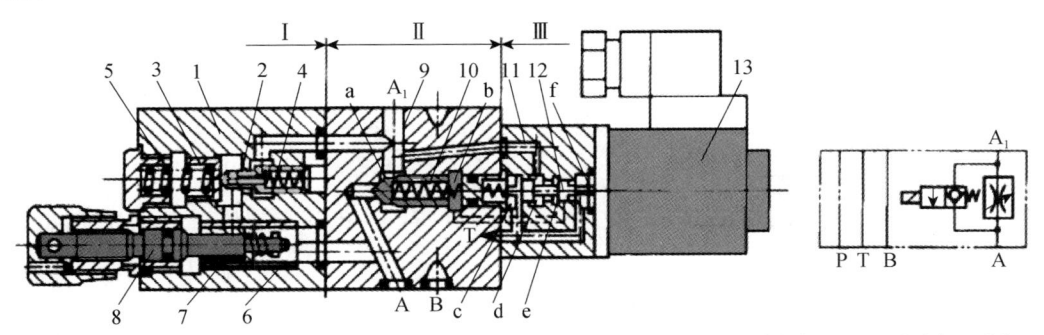

1—调速阀体 2—减压阀 3—平衡阀 4、5—弹簧 6—节流阀阀套 7—节流阀阀芯 8—节流阀调节杆 9—主阀体 10—锥阀 11—先导阀阀体 12—先导阀 13—直流湿式电磁铁 a、b、c、d、e、f—腔

图 3-47 叠加式电动单向调速阀的结构图和职能符号

主体部分Ⅱ中的锥阀 10 与先导阀 12 用于快速前进、工作进给、停止、快速退回等工作循环中。快进时,直流湿式电磁铁 13 通电,先导阀 12 左移,将 d 腔与 e 腔切断,接通

e 腔与 f 腔，b 腔中的液压油经 e 腔、f 腔与叠加阀回油路接通而卸荷。此时锥阀 10 在 a 腔中液压油作用下被打开，液压油由油口 A_1 经锥阀 10 流到油口 A，使回路快进。工作进给时，直流湿式电磁铁 13 断电，先导阀 12 复位，液压油通过油口 A_1 流经 d 腔、e 腔到 b 腔，将锥阀 10 阀口关闭。此时，由油口 A_1 进入的液压油只能经调速阀部分 I 流到油口 A，使回路处于工作进给状态。快退时，液压油由油口 A 进入叠加式电动单向调速阀，锥阀 10 可自动打开，实现快速退回功能。

2. 叠加阀式液压系统传动分析

叠加阀式液压系统原理图如图 3-48 所示，请据此分析该液压传动系统并回答下列问题。

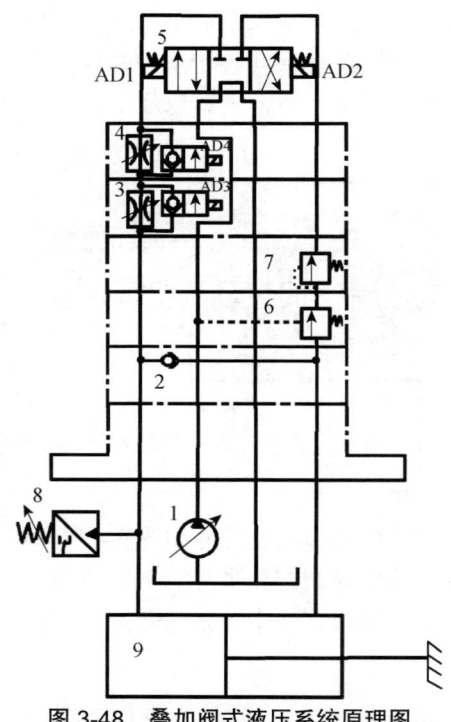

图 3-48 叠加阀式液压系统原理图

（1）写出图 3-48 中每个元件的名称。

1—　　　　2—　　　　3—　　　　4—　　　　5—
6—　　　　7—　　　　8—　　　　9—

（2）将图 3-48 中各电磁铁动作顺序填入表 3-19 中，通电状态用"+"表示，断电状态用"-"表示。

表 3-19 叠加阀式液压系统中各电磁铁的动作顺序表

动作顺序	快进	工进1	工进2	快退	停止卸荷
电磁铁 AD1					
电磁铁 AD2					
电磁铁 AD3					
电磁铁 AD4					

（3）写出液压油在各油路中的传动路线，并简单分析原因。
① 快进
进油路：

回油路：

原因分析：

② 一工进
进油路：

回油路：

原因分析：

③ 二工进
进油路：

回油路：

原因分析：

④ 快退
进油路：

回油路：

原因分析：

⑤ 停止卸荷
进油路：

回油路：

原因分析：

三、任务评价

请学生和教师填写任务检查评分表（见表 3-20）。

表 3-20 任务检查评分表（叠加阀式液压系统传动分析）

序号	检查评分项目	自我检查结果	自我评分	组内检查结果	组内评分	小组互查结果	小组互评分	教师检查结果	教师评分
1	遵守安全操作规范（10分）								
2	态度端正，工作认真（10分）								
3	正确识别各元件的符号（20分）								
4	正确说出各元件的作用（20分）								
5	正确完成模拟仿真的全部内容（20分）								
6	正确排查回路故障（10分）								
7	做好6S管理工作（10分）								
合计									
总分									

任务 4　动力滑台液压系统故障诊断与排除

本任务将对动力滑台液压系统故障进行诊断与排除。

4.1　动力滑台不运动（或无法快进）

动力滑台不运动（或无法快进）故障的现象是液压泵已启动，发出动力滑台前进信号，驱动动力滑台前进的油缸没有动作。

产生这种故障的原因和故障排除方法有以下几种。

1. 液压泵故障

如果是液压泵故障，泵不出液压油或液压油的输出流量少，液压油产生的压力不足或无压力。此时应检查吸油管有无露出油面，检查液压泵有无损坏，为油箱加足液压油或更换新的液压泵。

2. 电液换向阀故障

（1）电液换向阀故障，可能是因为电路故障导致电磁铁无法正常通电或断电。此时应检查电路情况和电磁铁的通电和断电是否正常，排除线路接触不良或线路断开等故障。

（2）电液换向阀故障，可能是主阀卡死，导致控制油路无法推动主阀芯移动而使主阀左位无法接入工作油路；也可能是先导阀阀芯卡死在电磁铁通电后的位置，无液压油进入油缸，导致油缸与动力滑台无法动作。此时应拆修主阀和先导阀，保证这两个阀的阀芯能灵活移动。

（3）电液换向阀故障，可能是电液换向阀的助力调节螺钉拧得过紧，使节流阀处于全关状态，电液换向阀右端控制腔的液压油无法流回油箱，受阻的液压油压力增高，背压过大，使主阀左端的液压油无法推动主阀阀芯换向，没有液压油流出进入油缸。此时，可通过适当开大节流阀的方法进行解决。

3. 动力滑台油缸本身出现故障

动力滑台油缸本身出现的故障包括动力滑台油缸因安装歪斜，密封调得过紧，污物卡住活塞及活塞杆等，造成液压油无法推动动力滑台油缸。此时，应重新安装动力滑台油缸使其达到安装精度，调整其密封的松紧程度，清理动力滑台油缸中的污物。

4. 动力滑台导轨故障

如果动力滑台导轨（以下简称为导轨）面的压板或镶条压得过紧，或有异物落在导轨面上，则会导致液压油压力无法推动油缸。此时应检查并调整导轨间隙，清除导轨面上异物，对导轨上有毛刺的地方进行重新铲刮，使导轨能灵活移动。

5. 单向阀故障

单向阀故障通常是指单向阀卡死在其关闭位置，导致液压油无法顺利通过。此时应拆开单向阀并进行检修。

4.2 动力滑台能快进，但快进速度较慢

动力滑台能快进，但快进速度较慢时，可从以下几个方面进行分析并排除故障。
1. 如果是液压泵的输出流量不够，则应检修或更换液压泵。
2. 如果是动力滑台油缸进油腔和出油腔间发生串腔，则应拆开动力滑台油缸更换活塞密封装置，并检测动力滑台油缸的安装精度。
3. 如果是行程阀卡死在其断开位置，液压油只能通过调速阀进入动力滑台油缸，动力滑台快进速度自然很慢，应拆开行程阀并进行检修。

4.3 动力滑台只能快进至一工进，无法一工进至二工进

动力滑台只能快进至一工进，无法一工进至二工进时，可从以下几个方面进行分析并排除故障。
1. 可能是电磁铁因电路接触不良、断线等故障无法通电，此时应检查电路及电磁铁的通电情况，对电路故障及电磁铁故障予以排除。
2. 可能是控制二工进的调速阀的开口未调整好，可通过调整其开口大小的方式排除故障。

4.4 动力滑台工进结束后不返回（或无法快速返回）

动力滑台工进结束后不返回（或无法快速返回）时，可从以下几个方面进行分析并排除故障。
1. 可能是电磁铁线圈损坏或控制电路未导通，使电磁铁不能通电。此时应检查电路的情况和电磁铁不能通电的原因，以排除故障。
2. 应检查压力继电器和时间继电器发出信号的联锁设置，查明是否需要二者同时发出信号，电磁铁才能通电使滑台做出返回动作。
3. 可能是电液换向阀中的节流阀拧得过紧，使动力滑台停留时间过长或不返回。此时应合理调整电液换向阀中的节流阀。
4. 可能是主阀阀芯卡死在左位，主阀的右位不能接入，无法使动力滑台做出返回动作。此时应拆开并检修主阀。

4.5 油温过高

油温过高通常与液压系统压力设置过高、变量叶片泵性能差及油液黏度过大等因素有关。动力滑台液压系统采用的是联合调速方式，调节得当，一般不会引起油温过高这一故障。此时应更换性能较好的变量叶片泵或降低油液黏度，以排除油温过高这一故障。

项目习题

一、液压系统采用蓄能器实现快速运动的回路如图 3-49 所示，请据此回答下列问题。

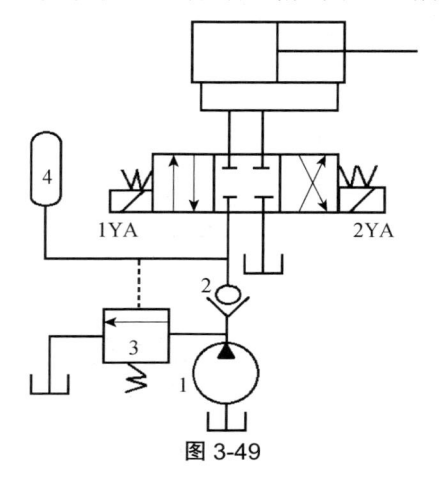

图 3-49

1. 液控顺序阀 3 何时开启？何时关闭？

2. 单向阀 2 的作用是什么？

3. 分析活塞杆向右运动时的进油路线和回油路线。

二、图 3-50 所示的液压系统可以实现快进—工进—快退—停止的工作循环，请据此回答下列问题。
1. 写出图中标有序号的液压元件的名称。

2. 在下方表格中填写各电磁铁的动作顺序，通电状态用"+"表示，断电状态用"−"表示。

动作	电磁铁 1DT	电磁铁 2DT	电磁铁 3DT
快进			
工进			
快退			
停止			

图 3-50

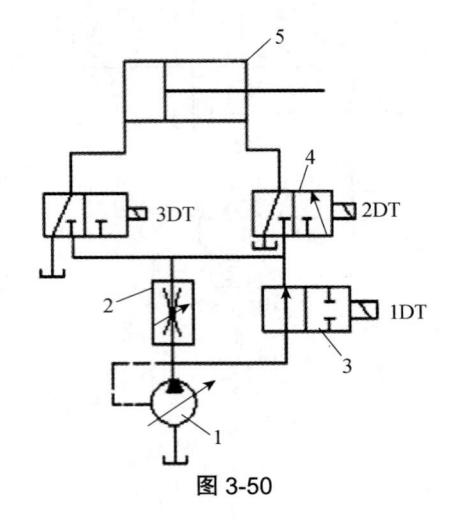

三、图 3-51 所示的液压系统可以实现快进—工进—快退—停止的工作循环，请据此回答下列问题。

1. 写出图中标有序号的液压元件的名称。

2. 在下方表格中填写各电磁铁的动作顺序，通电状态用"+"表示，断电状态用"−"表示。

动作	电磁铁 1YA	电磁铁 2YA	电磁铁 3YA
快进			
工进			
快退			
停止			

图 3-51

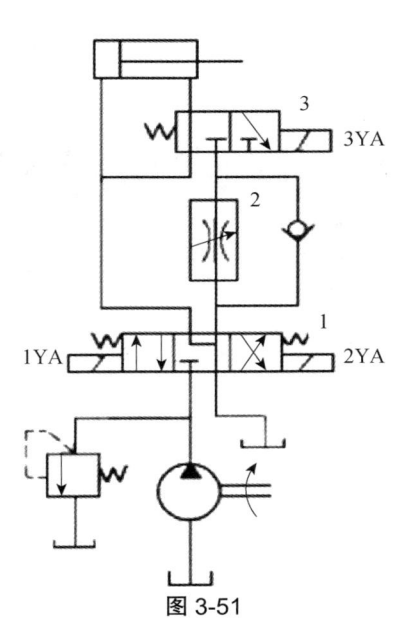

项目四　液压机液压系统传动分析及其故障诊断与排除

【知识目标】
1. 掌握先导式溢流阀的工作原理。
2. 掌握插装阀的工作原理。

【能力目标】
1. 能够设计远程调压回路。
2. 能够设计行程开关控制的速度换接回路。
3. 能够设计保压回路。
4. 能够设计释压回路。
5. 能够设计背压回路。
5. 能够读懂液压机液压系统原理图。
6. 能够诊断并排除液压机液压系统典型故障。

【素质目标】
1. 培养学生求真务实、潜心钻研的职业品质。
2. 培养学生"干一行、精一行"的职业精神和职业素养。

【思政故事】
　　高速动车组在运行时速达 200 多公里的情况下，定位臂和轮对节点必须有 75%以上的接触面间隙小于 0.05 mm，否则会直接影响行车安全。宁允展的工作，就是确保这个间隙小于 0.05 mm。他的"风动砂轮纯手工研磨操作法"，将研磨效率提高了 1 倍多，接触面的贴合率也从原来的 75%提高到了 90%以上。他发明的"精加工表面缺陷焊修方法"，修复精度最高可达到 0.01 mm。他执着于创新研究，主持了多项课题，发明了多种工装，获得了多项国家专利。

导　语

　　图 4-1 所示为大家非常熟悉的液压机。它由哪些液压基本回路组成？如何设计这些液压基本回路？这些都是本项目中要解决的主要问题。

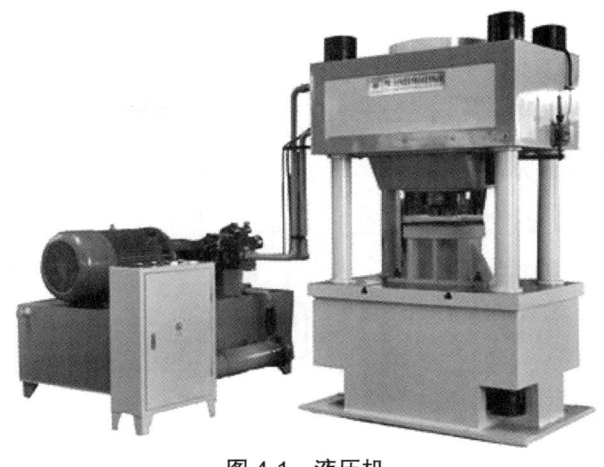

图 4-1 液压机

任务 1　液压机液压基本回路设计

1.1　远程调压回路设计

◆ **任务描述**

远程调压回路是液压机液压系统的最重要组成部分。液压机在工作过程中需要经常调压，为了便于工作人员操作，所以需要设置远程调压回路。

◆ **任务实施**

一、课前准备

通过网络学习平台和图书资料，预习先导式溢流阀等相关知识。

先导型溢流阀

二、任务引导

1. 新知识学习

先导式溢流阀由主阀和先导阀两部分组成，主阀负责溢流，先导阀负责调压。

先导式溢流阀的结构图和职能符号如图 4-2 所示。液压油从油口 P 进入，经阻尼孔作用于主阀阀芯两端及先导阀阀芯上。一般情况下，外控口 K 是堵塞的。当进口压力不高时，液压油压力不能克服先导阀中弹簧的阻力，先导阀口关闭，先导阀内无液压油液流动。主阀阀芯因前腔和后腔压力相同，被主阀弹簧压在主阀阀座上，主阀阀口关闭。当进口压力升高到先导阀弹簧的预调压力时，先导阀阀口打开，主阀弹簧腔的液压油流过先导阀阀口并经主阀阀体上的通道和回油口 T 流回油箱，形成流动。这时，主阀进油口的液压油流过阻尼小孔进入主阀弹簧腔，产生压力损失，使主阀阀芯两端形成压力差。主阀阀芯在此压力差作用下克服弹簧阻力向上移动，主阀进油口和回油口连通，大部分液压油经主阀直接溢回油箱，此时，压力基本稳定为先导阀的调定压力，达到溢流稳压的目的。

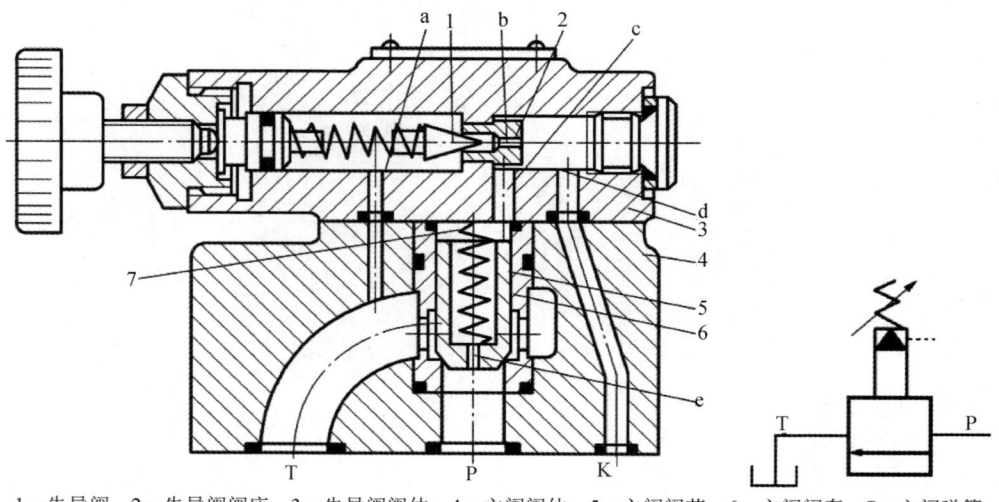

1—先导阀　2—先导阀阀座　3—先导阀阀体　4—主阀阀体　5—主阀阀芯　6—主阀阀套　7—主阀弹簧

图 4-2　先导式溢流阀的结构图和职能符号

除了调压溢流，先导型溢流阀还能实现卸荷、远程调压和多级调压等功能。当外控口 K 处接油箱时，主阀弹簧腔的油可以直接通过外控口 K 流回油箱，泵输出的液压油压力很小时，就可以推开主阀阀芯，溢回油箱，实现压力卸荷。当外控口 K 处通过长油管（一般小于 3 m）接直动型溢流阀时，可以在远处调压。当外控口 K 处通过电磁换向阀接直动型溢流阀时，可以通过控制换向阀换向，实现多级调压。

通过上面的分析不难看出，先导型溢流阀中先导阀的作用是调压，溢流是由主阀完成的，所以先导阀的进油口面积 A 可以非常小，因为 $p=kx/A$，即使选用软弹簧，弹簧力不大，但弹簧力和面积的比值可以很大，所以可以调高压。如果先导型溢流阀主阀阀芯较大，可以实现大流量的溢流。另外，因为先导型溢流阀的先导阀弹簧通常选用软弹簧，所以调压精度较高。

2. 模拟仿真

学生在教师指导下使用 FluidSIM 软件进行远程调压回路设计，并进行模拟仿真。

（1）远程调压回路液压原理图如图 4-3 所示，请分析该回路能实现远程调压的条件。

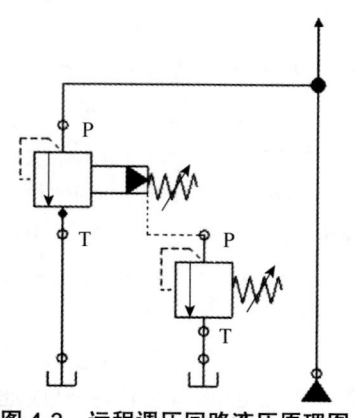

图 4-3　远程调压回路液压原理图

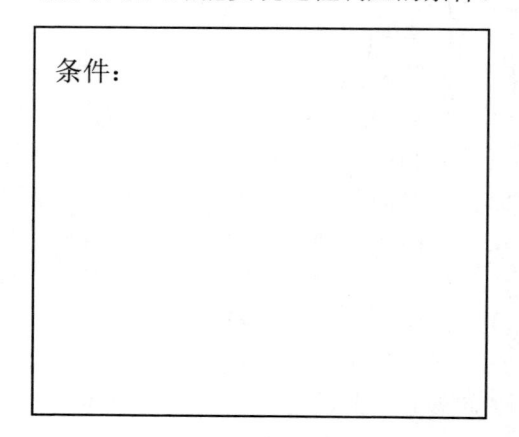

条件：

（2）先导式溢流阀的主要优点是什么？

（3）先导式溢流阀的外控口有哪些作用？

3. 表 4-1 中列出了远程调压回路设计中用到的部分液压元件的职能符号，请将该表补充完整。

表 4-1　远程调压回路设计中使用的部分液压元件

序号	职能符号	元件名称	数量	作用
1				
2				
3				
4				

三、任务评价

请学生和教师填写任务检查评分表（见表 4-2）。

表 4-2　任务检查评分表（远程调压回路设计）

序号	检查评分项目	自我检查结果	自我评分	组内检查结果	组内评分	小组互查结果	小组互评分	教师检查结果	教师评分
1	遵守安全操作规范（10 分）								
2	态度端正，工作认真（10 分）								
3	正确识别各元件的符号（20 分）								
4	正确说出各元件的作用（20 分）								
5	正确完成模拟仿真的全部内容（20 分）								
6	正确排查回路故障（10 分）								
7	做好 6S 管理工作（10 分）								
合计总分									

1.2 行程开关控制的速度换接回路设计

⊃ 任务描述

液压机的上液压缸在工作过程中，首先控制活塞杆快速下行，接近工件时控制活塞杆慢速下行并加压。该过程中需要进行速度换接，速度换接通常由行程开关进行控制。

⊃ 任务实施

一、课前准备

通过网络学习平台和图书资料，复习行程开关、液控单向阀、顺序阀等相关知识。

二、任务引导

1. 模拟仿真

学生在教师指导下使用 FluidSIM 软件进行行程开关控制的速度换接回路设计，并进行模拟仿真。

（1）行程开关控制的速度换接回路液压原理图如图 4-4 所示，请据此画出与之对应的电路图。

图 4-4　行程开关控制的速度换接回路液压原理图

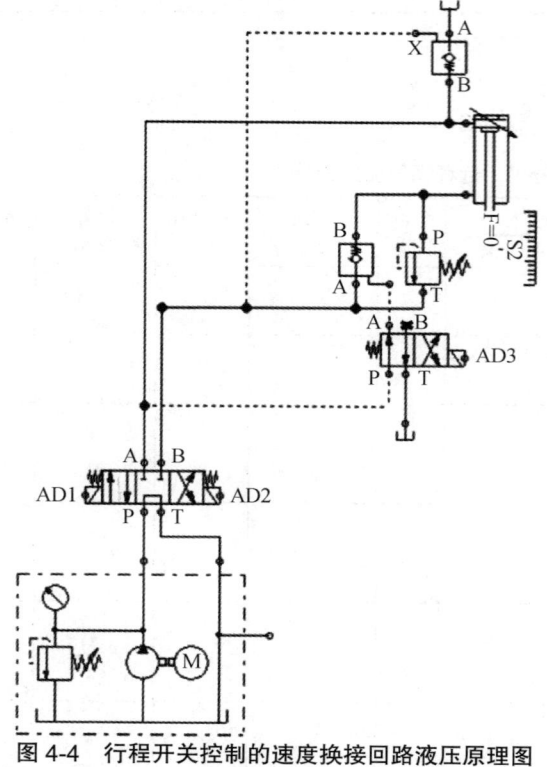

（2）写出活塞杆快进时液压油的传动路线。
进油路：

回油路：

（3）写出活塞杆慢进时液压油的传动路线。

进油路：

回油路：

2. 表4-3中列出了行程开关控制的速度换接回路设计中用到的部分液压元件的职能符号，请将该表补充完整。

表4-3　行程开关控制的速度换接回路设计中使用的部分液压元件

序号	职能符号	元件名称	数量	作用
1				
2				
3				
4				
5				
6				

三、任务评价

请学生和教师填写任务检查评分表（见表4-4）。

表4-4　任务检查评分表（行程开关控制的速度换接回路设计）

序号	检查评分项目	自我检查结果	自我评分	组内检查结果	组内评分	小组互查结果	小组互评分	教师检查结果	教师评分
1	遵守安全操作规范（10分）								
2	态度端正，工作认真（10分）								
3	正确识别各元件的符号（20分）								

续表

序号	检查评分项目	自我检查结果	自我评分	组内检查结果	组内评分	小组互查结果	小组互评分	教师检查结果	教师评分
4	正确说出各元件的作用（20分）								
5	正确完成模拟仿真的全部内容（20分）								
6	正确排查回路故障（10分）								
7	做好6S管理工作（10分）								
合计									
总分									

1.3 保压回路设计

⊃ **任务描述**

液压机在工作过程中，常常要求液压执行元件在其行程终止时仍保持压力一段时间，这时需要用到保压回路。

⊃ **任务实施**

一、课前准备

通过网络学习平台和图书资料，复习单向阀等相关知识。

二、任务引导

1. 模拟仿真

学生在教师指导下使用 FluidSIM 软件进行保压回路设计，并进行模拟仿真。

（1）保压回路液压原理图如图 4-5 所示，请分析该回路能实现保压的原因。

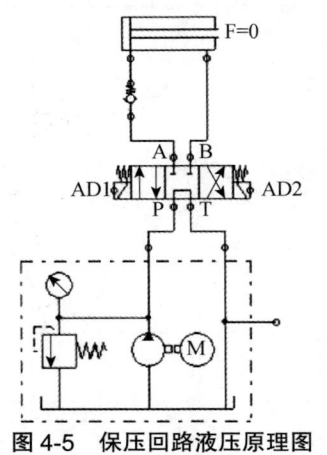

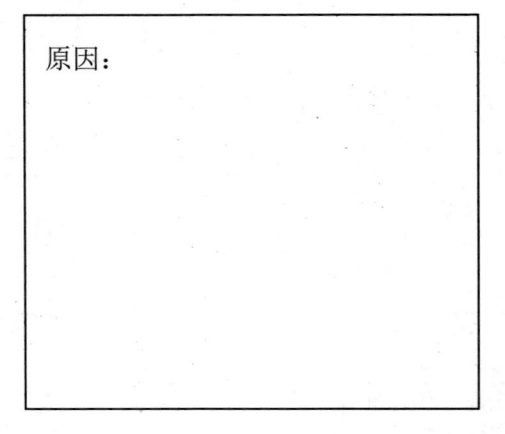

图 4-5　保压回路液压原理图

原因：

（2）如果去掉图 4-5 中的单向阀是否可行？为什么？

（3）请学生查阅相关资料并思考：如果需要取得更好的保压效果，可以添加什么液压元件？如何添加？

2. 表 4-5 中列出了保压回路设计中用到的部分液压元件的职能符号，请将该表补充完整。

表 4-5　保压回路设计中使用的部分液压元件

序号	职能符号	元件名称	数量	作用
1				
2				
3				
4				

三、任务评价

请学生和教师填写任务检查评分表（见表 4-6）。

表 4-6　任务检查评分表（保压回路设计）

序号	检查评分项目	自我检查结果	自我评分	组内检查结果	组内评分	小组互查结果	小组互评分	教师检查结果	教师评分
1	遵守安全操作规范（10分）								
2	态度端正，工作认真（10分）								
3	正确识别各元件的符号（20分）								

续表

序号	检查评分项目	自我检查结果	自我评分	组内检查结果	组内评分	小组互查结果	小组互评分	教师检查结果	教师评分
4	正确说出各元件的作用（20分）								
5	正确完成模拟仿真的全部内容（20分）								
6	正确排查回路故障（10分）								
7	做好 6S 管理工作（10分）								
合计									
总分									

1.4 释压回路设计

◐ 任务描述

液压机上液压缸对工件进行加压和保压后，上液压缸上腔压力很高，此时如果直接执行换向或退回任务，会引起很大的液压冲击，所以必须进行释压后才能执行换向或退回任务。

◐ 任务实施

一、课前准备

通过网络学习平台和图书资料，预习带卸荷阀芯的液控单向阀等相关知识。

二、任务引导

1. 新知识学习

在压力高、流量大的液压系统里，液控单向阀弹簧腔里液压油压力可能会比较高，控制活塞杆推开单向阀阀芯比较困难，因此需要采用带卸荷阀芯的液控单向阀。带卸荷阀芯的液控单向阀的结构图和职能符号如图 4-6 所示，它在单向阀阀芯 2 的中间增加一个小的卸荷阀芯 3。因卸荷阀芯 3 的面积较小，推开卸荷阀芯 3 所需的推力也较小。控制活塞杆 1 可以先顶开卸荷阀芯 3，使弹簧腔中的液压油通过中间小孔缓慢流向 P_1 油口，弹簧腔中的压力减小后，控制活塞杆 1 再继续上移顶开单向阀阀芯 2。如此就可以在不增加控制活塞杆直径或压力的情况下，轻松把液控单向阀的反向打通。

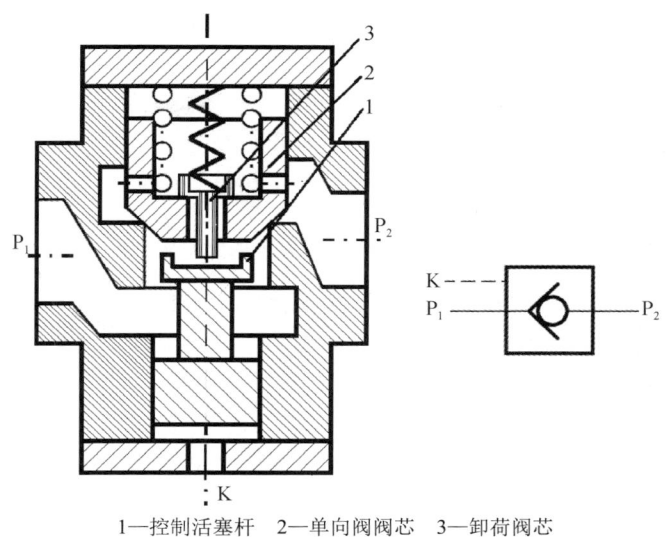

1—控制活塞杆　2—单向阀阀芯　3—卸荷阀芯

图4-6　带卸荷阀芯的液控单向阀结构图和职能符号

2. 模拟仿真

学生在教师指导下使用 FluidSIM 软件进行释压回路设计，并进行模拟仿真。

（1）释压回路液压原理图如图 4-7 所示，请分析该回路能实现释压的原因。

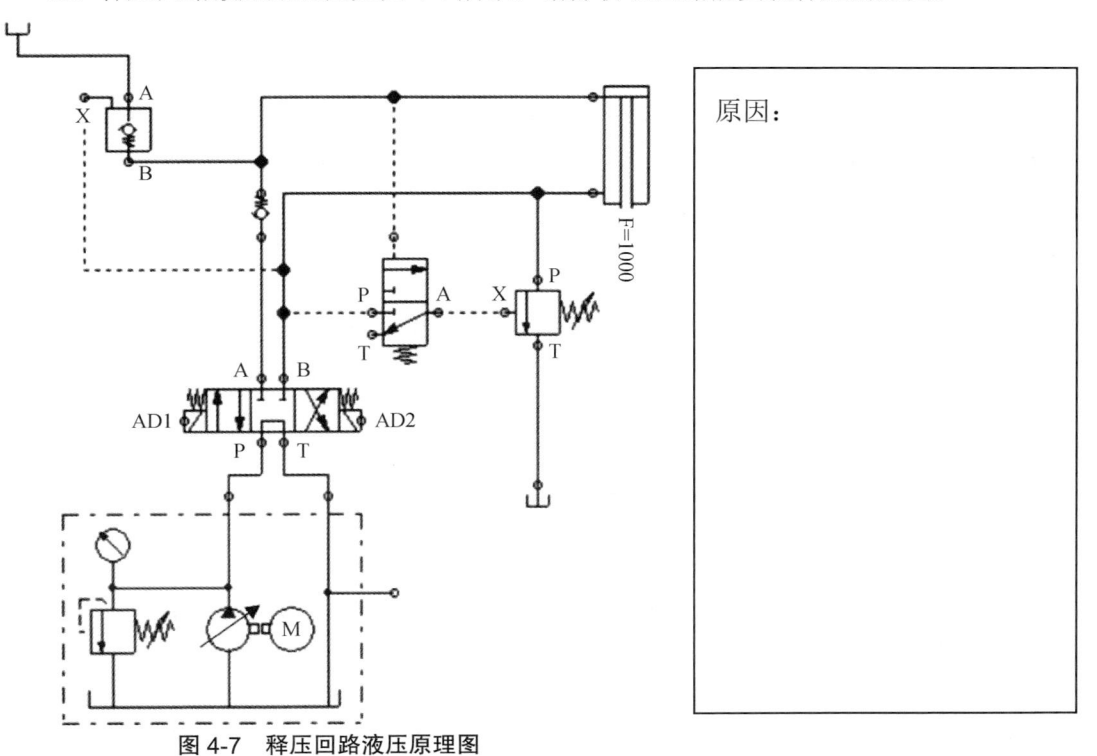

原因：

图4-7　释压回路液压原理图

（2）写出图 4-7 所示回路释压时液压油的传动路线。

进油路：

回油路：

（3）释压完成后，活塞杆能自动缩回吗？为什么？

3. 表4-7中列出了释压回路设计中用到的部分液压元件的职能符号，请将该表补充完整。

表 4-7 释压回路设计中使用的部分液压元件

序号	职能符号	元件名称	数量	作用
1				
2				
3				
4				
5				

三、任务评价

请学生和教师填写任务检查评分表（见表4-8）。

表 4-8 任务检查评分表（释压回路设计）

序号	检查评分项目	自我检查结果	自我评分	组内检查结果	组内评分	小组互查结果	小组互评分	教师检查结果	教师评分
1	遵守安全操作规范（10分）								
2	态度端正，工作认真（10分）								
3	正确识别各元件的符号（20分）								
4	正确说出各元件的作用（20分）								
5	正确完成模拟仿真的全部内容（20分）								

续表

序号	检查评分项目	自我检查结果	自我评分	组内检查结果	组内评分	小组互查结果	小组互评分	教师检查结果	教师评分
6	正确排查回路故障（10分）								
7	做好6S管理工作（10分）								
合计									
总分									

1.5 背压回路设计

◐ 任务描述

液压机在浮动压边时，需要其下液压缸回油腔提供一定的阻力，阻力的提供需要借助背压回路。

◐ 任务实施

一、课前准备

通过网络学习平台和图书资料，复习溢流阀、节流阀等相关知识。

二、任务引导

1. 模拟仿真

学生在教师指导下使用 FluidSIM 软件进行背压回路设计，并进行模拟仿真。

（1）背压回路液压原理图如图 4-8 所示，请分析该回路能实现背压的原因。

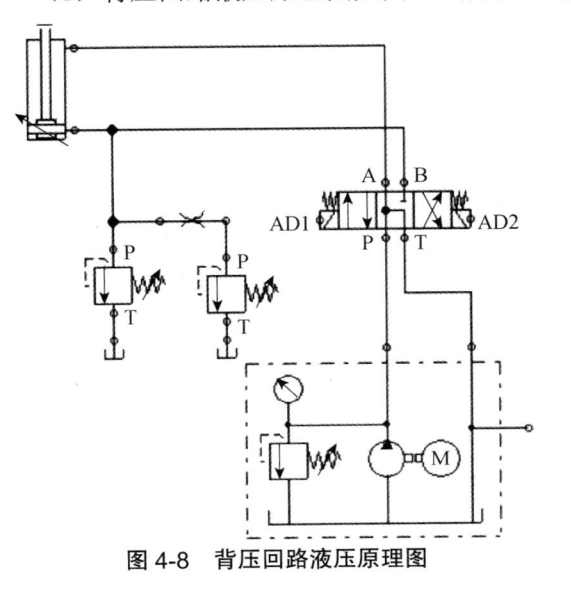

原因：

图 4-8 背压回路液压原理图

（2）图 4-8 中节流阀的作用是什么？

（3）图 4-8 中左边溢流阀的作用是什么？能否将它去掉？为什么？

（4）还有哪些阀可以作为背压阀使用？

3. 表 4-9 中列出了背压回路设计中用到的部分液压元件的职能符号，请将该表补充完整。

表 4-9　背压回路设计中使用的部分液压元件

序号	职能符号	元件名称	数量	作用
1				
2				
3				

三、任务评价

请学生和教师填写任务检查评分表（见表 4-10）。

表 4-10　任务检查评分表（背压回路设计）

序号	检查评分项目	自我检查结果	自我评分	组内检查结果	组内评分	小组互查结果	小组互评分	教师检查结果	教师评分
1	遵守安全操作规范（10分）								
2	态度端正，工作认真（10分）								
3	正确识别各元件的符号（20分）								
4	正确说出各元件的作用（20分）								
5	正确完成模拟仿真的全部内容（20分）								

续表

序号	检查评分项目	自我检查结果	自我评分	组内检查结果	组内评分	小组互查结果	小组互评分	教师检查结果	教师评分
6	正确排查回路故障（10 分）								
7	做好 6S 管理工作（10 分）								
合计									
总分									

任务 2　液压机液压系统传动分析

液压机是在进行锻压、冲压、冷挤、校直、弯曲、粉末冶金、成形、打包等加工时被广泛应用的机械设备。它通过液压系统产生很大的静压力以实现对工件的挤压、校直、冷弯等加工。液压机根据结构可分为单柱式液压机、三柱式液压机、四柱式液压机等形式，其中以四柱式液压机最为典型。它主要由床身、导柱、工作平台、上滑块等部件组成，其结构如图 4-9 所示。

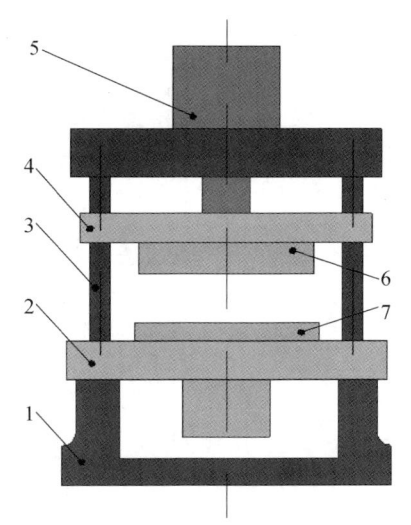

1—床身　2—工作平台　3—导柱　4—上滑块　5—上缸　6—上滑块模具　7—下滑块模具

图 4-9　四柱式液压机结构示意图

2.1　3150kN 型通用液压机液压系统

3150kN 型通用液压机的主要运动是指上滑块机构和下滑块顶出机构的运动。上滑块机构由主液压缸（又称上液压缸，简称上缸）驱动，下滑块顶出机构由辅助液压缸（又称下液压缸，简称下缸）驱动。3150kN 型通用液压机的上滑块机构通过四个导柱导向，在上缸

115

的驱动下，能实现"快速下行→慢速加压→保压延时→快速回程→原位停止"的动作循环。3150kN 型通用液压机的下缸布置在工作台中间孔内，驱动下滑块顶出机构实现"向上顶出→向下退回"或"浮动压边下行→停止→顶出"两种动作循环。3150kN 型通用液压机液压系统以压力控制为主，具有压力高、流量大、功率大等特点。如何提高 3150kN 型通用液压机液压系统效率并防止该系统产生液压冲击，是进行液压系统设计时需要注意的问题。

2.2 3150kN 型通用液压机液压系统传动分析

3150kN 型通用液压机液压系统原理图如图 4-10 所示，该液压系统采用"主泵、辅助泵"联合供油方式，主泵 1 是一个高压、大流量、恒功率控制的压力反馈变量柱塞泵，远程调压阀 5 控制溢流阀 4 限定系统最高工作压力，其最高压力可达 32 MPa。辅助泵 2 是一个低压小流量定量泵（与主泵为单轴双联结构），其作用是为电液换向阀、液控换向阀和液控单向阀的正确动作提供控制油源，辅助泵 2 的压力由溢流阀 3 调定。3150kN 型通用液压机的工作特点是上缸竖直放置，当上滑块组件没有接触到工件时，液压系统为空载高速运动，当上滑块组件接触到工件后，液压系统压力急剧升高，且上缸的运动速度迅速降低，直至为零，进行保压。

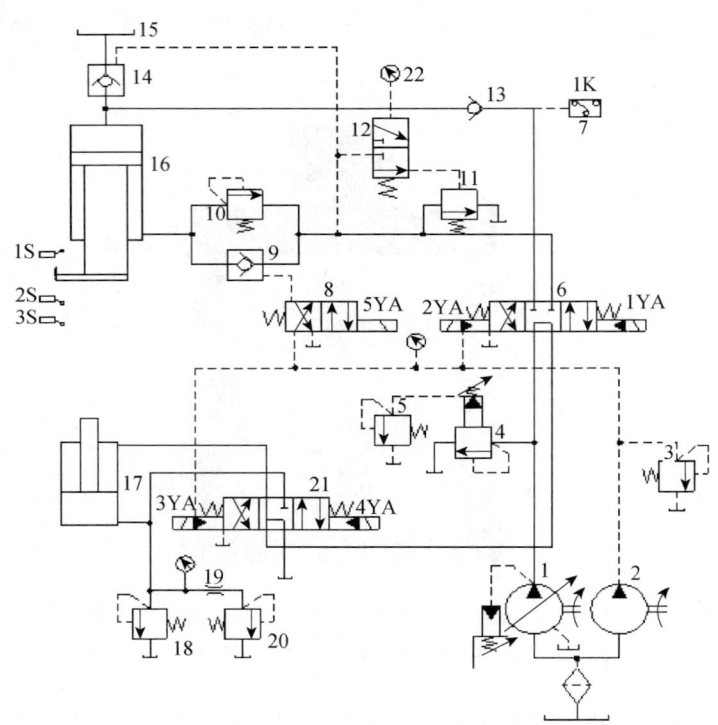

1—主泵 2—辅助泵 3、4、18—溢流阀 5—远程调压阀 6、21—电液换向阀 7—压力继电器
8—电磁换向阀 9—液控单向阀 10、20—背压阀 11—顺序阀 12—液控换向阀 13—单向阀
14—充液阀 15—上部油箱 16—上缸 17—下缸 19—节流阀 22—压力表

图 4-10 3150kN 型通用液压机液压系统原理图

1. 启动

按下启动按钮，主泵 1 和辅助泵 2 同时启动，此时液压系统中所有电磁铁均处于失电状态，主泵 1 输出的液压油经电液换向阀 6 中位及电液换向阀 21 中位流回油箱（处于卸荷状态），辅助泵 2 输出的液压油经溢流阀 3 流回油箱，液压系统实现空载启动。

2. 上缸快速下行

按下上缸快速下行按钮，电磁铁 1YA、5YA 得电，电液换向阀 6 右位接入液压系统，控制液压油经电磁换向阀 8 右位使液控单向阀 9 打开，上缸带动上滑块实现空载快速运动。

写出此时液压油的传动路线。

进油路：

回油路：

由于上缸竖直安放，且滑块组件的重量较大，上缸在上滑块组件自重作用下快速下降，此时主泵 1 虽处于最大流量状态，但仍不能满足上缸快速下降的流量需要，因而在上缸上腔会形成负压，上部油箱 15 中的液压油在一定的外部压力作用下，经充液阀 14 进入上缸上腔，实现对上缸上腔的液压油补充。

3. 上缸加压

当上滑块组件降至一定位置（事先调好的位置）时，压下行程开关 2S 后，电磁铁 5YA 失电，电磁换向阀 8 左位接入系统，使液控单向阀 9 关闭，上缸下腔油液经背压阀 10、电液换向阀 6 右位、电液换向阀 21 中位回油箱。这时，上缸上腔压力升高，充液阀 14 关闭。上缸滑块组件在主泵 1 供油压力的作用下慢速接近要压制成型的工件。当上缸滑块组件接触工件后，由于负载急剧增加，使上腔压力进一步升高，主泵 1 的输出流量将自动减小。

写出此时液压油的传动路线。

进油路：

回油路：

4. 保压

当上缸上腔压力达到预定值时，压力继电器 7 发出信号，使电磁铁 1YA 失电，电液换向阀 6 回中位，上缸的上腔、下腔封闭，由于充液阀 14 和单向阀 13 具有良好的密封性能，使上缸上腔实现保压，其保压时间由压力继电器 7 控制的时间继电器进行调整。在上缸上腔保压期间，主泵 1 经电液换向阀 6 和电液换向阀 21 的中位卸荷。

5. 上缸上腔释压、回程

保压过程结束，时间继电器 7 发出信号，电磁铁 2YA 得电，电液换向阀 6 左位接入系统。由于上缸上腔压力很高，液控换向阀 12 上位接入系统，液压油经电液换向阀 6 左位、液控换向阀 12 上位使顺序阀 11 开启，此时主泵 1 输出的液压油经顺序阀 11 流回油箱。主泵 1 在低压状态下工作，由于充液阀 14 是带卸荷阀芯的液控单向阀，具有先卸荷再开启的功能，所以充液阀 14 在主泵 1 较低压力作用下，只能打开其阀芯上的卸荷阀芯，使上缸上腔中很小一部分液压油经充液阀 14 流回上部油箱 15，上腔压力逐渐降低，当该压力降到一定值后，液控换向阀 12 下位接入系统，顺序阀 11 关闭，主泵 1 供油压力升高，使充液阀 14 完全打开，主泵 1 的液压油经液控单向阀 9 流入下腔，上腔的液压油经充液阀 14 流入上部油箱 15，上缸上行。

写出此时液压油的传动路线。

进油路：

回油路：

6. 上缸原位停止

当上缸滑块组件上升至行程挡块的位置压下行程开关 1S 后，电磁铁 2YA 失电，电液换向阀 6 中位接入系统，液控单向阀 9 将上缸下腔封闭，上缸在起点原位停止不动。主泵 1 输出的液压油经电液换向阀 6 中位和电液换向阀 21 中位回油箱，主泵 1 卸荷。

7. 下缸顶出及退回

当电磁铁 3YA 得电，电液换向阀 21 左位接入系统。

写出此时液压油的传动路线。

进油路：

回油路：

下缸 17 活塞杆上升，顶出压好的工件。电磁铁 3YA 失电，电磁铁 4YA 得电，电液换向阀 21 右位接入系统，下缸活塞杆下行，使下滑块组件退回到原位。

写出此时液压油的传动路线。

进油路：

回油路：

8. 下缸浮动压边

当 3150kN 型通用液压机使用某些模具工作时，需要对工件进行压紧拉伸。当在 3150kN 型通用液压机上用模具作为薄板拉伸压边时，要求下滑块组件上升到一定位置，以实现上模具和下模具的合模，使合模后的模具既能保持一定的压力将工件夹紧，又能使模具随上滑块组件的下压而下降（浮动压边）。这时，电液换向阀 21 处于中位，由于上缸的压紧力远远大于下缸往上顶的力，上缸滑块组件下压时下缸活塞杆被迫随之下行，下缸下腔中的液压油经节流阀 19 和背压阀 20 流回油箱，使下缸下腔保持所需的向上的压边压力。调节背压阀 20 开启压力的大小即可起到改变浮动压边力大小的作用。下缸上腔经电液换向阀 21 中位从油箱中补充液压油。溢流阀 18 作为下缸下腔的安全阀，只有在下缸下腔压力过载时才起作用。

写出此时液压油的传动路线。

进油路：

回油路：

9. 根据上面对 3150kN 型通用液压机液压系统的传动分析，填写表 4-11。

表 4-11 3150kN 型通用液压机液压系统电磁铁动作循环表

动作程序		1YA	2YA	3YA	4YA	5YA
上缸	快速下行					
	慢速加压					
	保压					
	释压、回程					
	原位停止					
下缸	顶出					
	退回					
	浮动压边					
	停止					

注：用"＋"表示电磁铁通电，"－"表示电磁铁断电。

2.3 3150kN 型通用液压机液压系统的特点

如图 4-10 所示，3150kN 型通用液压机液压系统主要由压力控制回路、换向回路、速度转换回路、平衡锁紧回路等组成，具有以下几个特点。

1. 采用高压、大流量、恒功率的柱塞变量泵作为主泵 1，通过电液换向阀 6 和电液换向阀 21 的中位机能使主泵 1 空载启动，在上缸原位停止时主泵 1 卸荷，利用液压系统工作过程中工作压力的变化来自动调节主泵 1 的输出流量与上缸的运动状态，这样既符合液压机的工艺要求，又节省能量。

2. 利用上滑块组件的自重实现上缸的快速下行，并用充液阀 14 补充液压油，使快速运动回路结构简单，液压油补充充分。

3. 利用带卸荷阀芯的充液阀 14、液控换向阀 12 和顺序阀 11 组成释压回路，结构简单，减小了上缸由保压转换为快速回程时的液压冲击。

4. 采用单向阀 13 和充液阀 14 保压，能在上缸上腔实现保压的同时，实现液压系统卸荷，使液压系统节能且效率高。

5. 采用液控单向阀 9 和背压阀 10 组成平衡锁紧回路，使上缸组件在任何位置都能够停止，且能够长时间保持在锁定的位置上。

任务 3　液压机插装阀集成液压系统分析

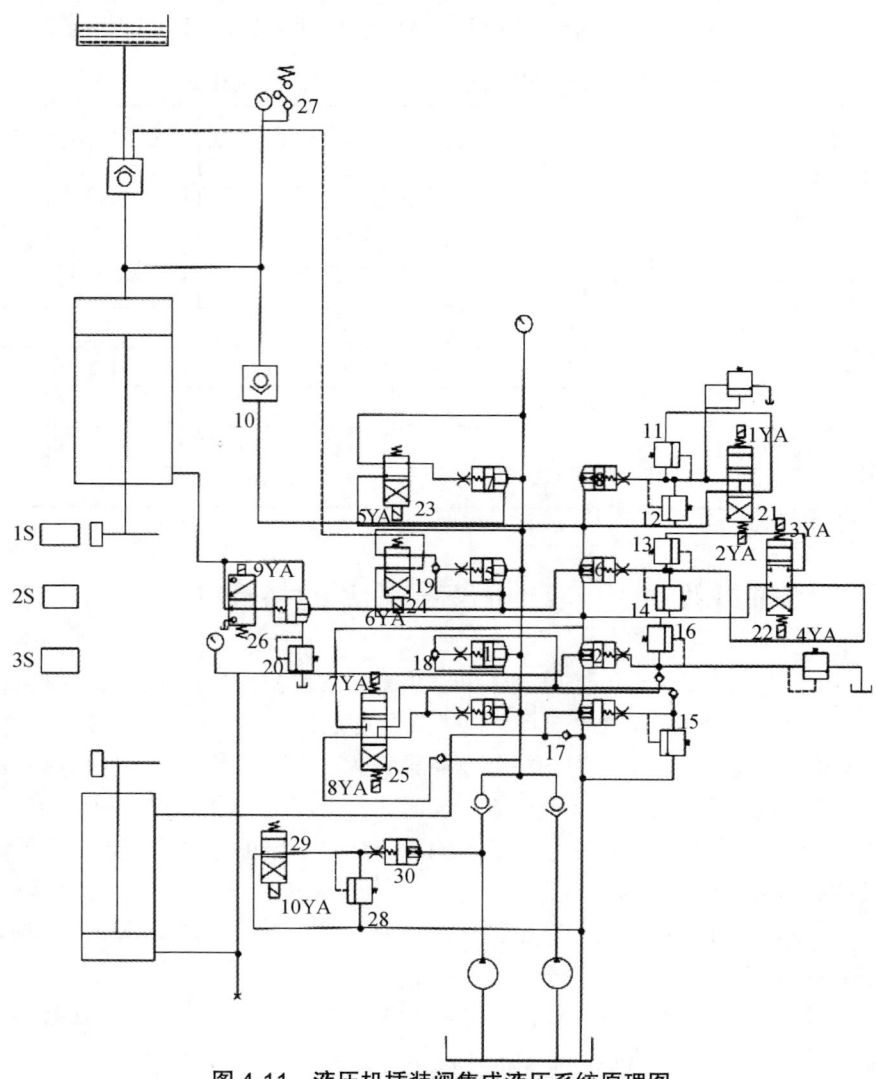

ᗒ 任务描述

根据液压机插装阀集成液压系统原理图（见图 4-11）和液压机插装阀集成液压系统电磁铁动作顺序表（见表 4-12），对液压机插装阀集成液压系统进行分析。

图 4-11　液压机插装阀集成液压系统原理图

（注：图中各液压元件的名称作为题目由学生在学完本任务后填写。）

表 4-12　液压机插装阀集成液压系统电磁铁动作顺序表

动作程序		1YA	2YA	3YA	4YA	5YA	6YA	7YA	8YA	9YA	10YA	备注
上缸	快速下行	−	+	−	+	+	−	−	−	+	+	
	慢速加压	−	+	+	−	+	−	−	−	+	+	
	保压	−	−	−	−	−	−	−	−	−	−	
	泄压	+	−	+	−	−	−	+	−	−	−	
	回程	−	+	−	−	−	−	−	−	−	+	
下缸	顶出	−	+	−	−	−	−	+	−	−	−	
	退回	−	+	−	−	−	−	−	+	−	−	
	压边											
	停止											

注：用"+"表示电磁铁通电，"−"表示电磁铁断电。

⊃ 任务实施

一、课前准备

通过网络学习平台和图书资料，预习插装阀等相关知识。

二、任务引导

1. 新知识学习

插装阀与我们所说的普通液压控制阀有所不同，它的通流量可达到 1000 L/min，通径可达 200～250 mm。插装阀阀芯结构简单，动作灵敏，密封性好，但功能比较单一，主要用于控制液压回路的通断。插装阀与普通液压控制阀组合使用时，能实现对液压系统液压油方向、压力和流量的控制。

插装阀由阀芯、阀套、弹簧和密封圈等组成。根据用途不同，可将插装阀分为方向插装阀、压力插装阀和流量插装阀。同一通径的三种插装阀的安装尺寸相同，但插装阀阀芯的结构形式和阀套座直径不同。三种插装阀均包含两个主油口 A、B 和一个控制油口 K。插装阀的结构图和职能符号如图 4-12 所示。

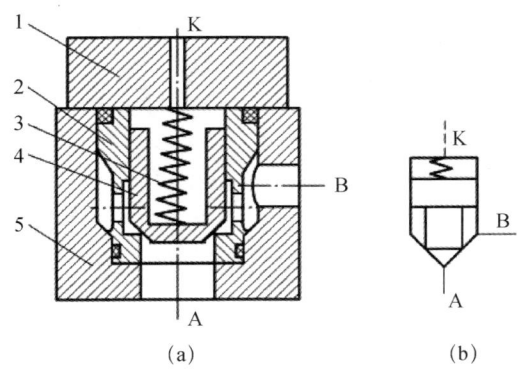

1—控制盖板　2—阀套　3—弹簧　4—阀芯　5—插装块体

图 4-12　插装阀的结构图和职能符号

若 A 和 B 为主油路仅有的两个工作油口，K 为控制油口。改变控制油口 K 的压力，即可控制 A、B 两油口的通断。当控制油口 K 无液压作用时，插装阀阀芯下部的液压力超过弹簧弹力，插装阀阀芯被顶开，油口 A 与油口 B 相通，液压油流动的方向视油口 A 和 B 的压力大小而定。反之，若控制油口 K 有液压作用，当 $p_K \geqslant p_A$ 且 $p_K \geqslant p_B$ 时，才能保证油口 A 与油口 B 断开连接。这样，就起到逻辑元件"非"门的作用，故插装阀也称为逻辑阀。

（1）将插装阀用作方向阀

如图 4-13 所示，若将控制油口 K 与 A 油口或 B 油口连通，即构成单向阀。连通方法不同，其导通方向也不同。若将控制油口 K 与 A 油口连通，当 $p_A > p_B$ 时，锥阀关闭，A 油口与 B 油口不连通；当 $p_B > p_A$ 且达到开启压力时，锥阀打开，液压油从 B 油口流向 A 油口，如图 4-13（a）所示。控制油口 K 与 B 油口连通的情况如图 4-13（b）所示。

插装阀被用作液控单向阀，若控制油口 X′ 处无液压作用，则处于图 4-14 所示位置，当 $p_A > p_B$ 时，A 油口与 B 油口连通，液压油由 A 油口流向 B 油口；当 $p_B > p_A$ 时，A 油口与 B 油口不连通。若控制油口 X′ 处有液压作用，则二位三通液控阀可实现换向作用，使控制油口 K 连通油箱，A 油口与 B 油口连通，液压油的流向视 A 油口和 B 油口的压力大小而定。

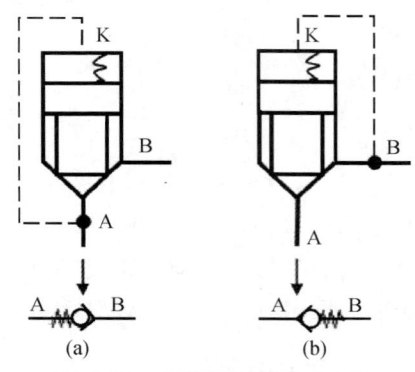

图 4-13　将插装阀用作单向阀

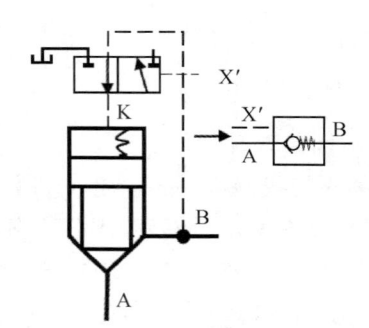

图 4-14　将插装阀用作液控单向阀

在图 4-15 所示状态下，锥阀开启，油口 A 与油口 B 连通。若电磁换向阀通电换向且 $p_A > p_B$ 时，锥阀关闭，油口 A 和油口 B 间连通的油路被切断，插装阀被用作二位二通阀。

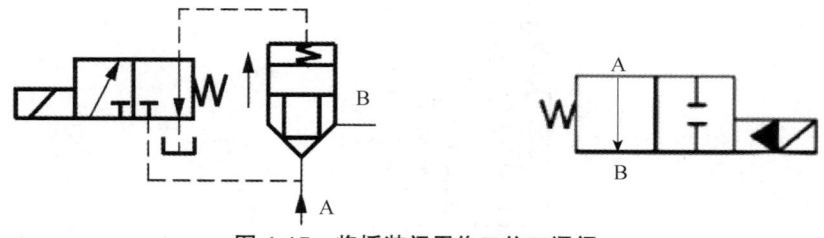

图 4-15　将插装阀用作二位二通阀

在图 4-16 所示状态下，插装阀①的锥阀打开，插装阀②的锥阀关闭，A 油口和 O 油口间油路连通，A 油口与 P 油口处油路不通。电磁阀通电时，A 油口与 P 油口间油路连通，A 油口与 O 油口间油路不通，插装阀被用作二位三通阀。

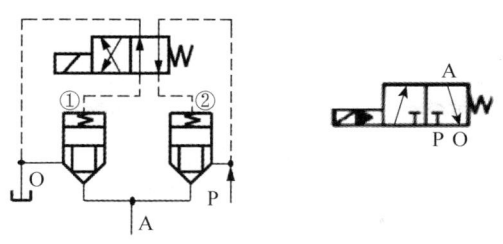

图 4-16 将插装阀用作二位三通阀

在图 4-17 所示状态下，插装阀①及插装阀③的锥阀打开，A 油口与 O 油口间油路连通，B 油口与 P 油口间油路连通。当电磁阀通电时，插装阀②及插装阀④的锥阀打开，A 油口与 P 油口处油路连通，B 油口与 O 油口处油路连通，插装阀被用作二位四通阀。

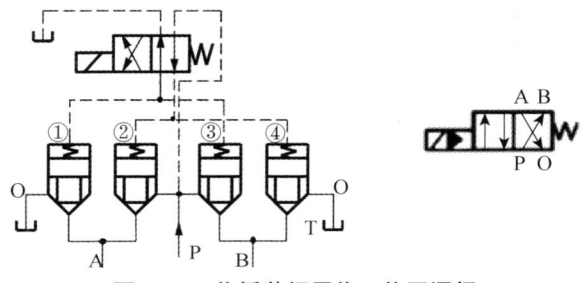

图 4-17 将插装阀用作二位四通阀

在图 4-18 所示状态下，4 个插装阀的锥阀全关闭，A 油口、B 油口、P 油口、O 油口处的油路不连通。当左边电磁铁通电时，插装阀②及插装阀④的锥阀打开，A 油口与 P 油口间油路连通，B 油口与 O 油口间油路连通。当右边电磁铁通电时，插装阀①及插装阀③的锥阀打开，A 油口与 O 油口间油路连通，B 油口与 P 油口间油路连通，插装阀被用作三位四通阀。

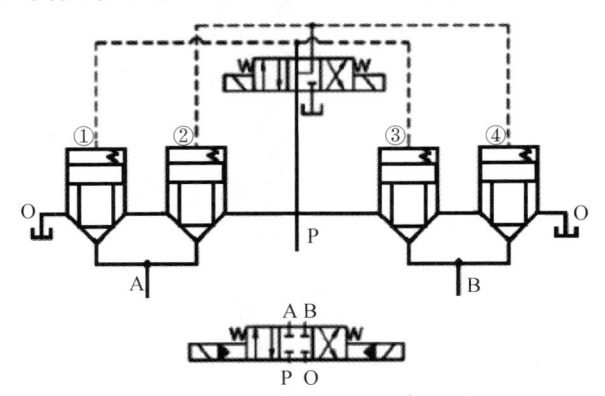

图 4-18 将插装阀用作三位四通阀

（2）将插装阀用作压力阀

图 4-19（a）所示为用直动式溢流阀作为先导阀来控制插装阀，将插装阀用作溢流阀的原理图。A 油口流过的液压油经阻尼小孔 R 进入控制腔和先导阀，并将 B 油口与油箱连通。锥阀的开启压力可通过先导阀调节。如果图 4-19（a）中的 B 油口不接油箱而接负载，那么插装阀被用作顺序阀。

图 4-19（b）中，二位二通电磁换向阀通电，插装阀被用作卸荷阀。

图 4-19（c）中，主阀阀芯采用常开的滑阀式阀芯，B 为进油口，A 为出油口。A 腔中的液压油经阻尼小孔 R 后进入控制腔和先导阀，插装阀被用作减压阀。

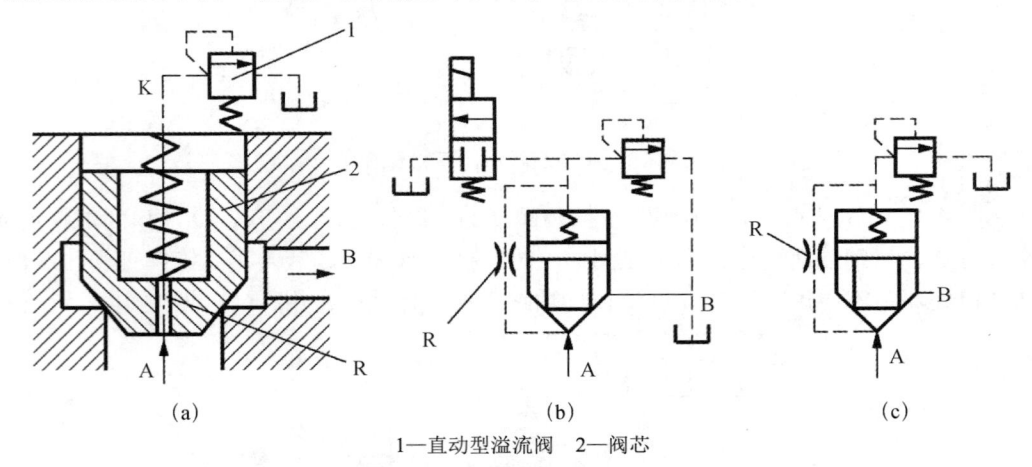

1—直动型溢流阀　2—阀芯
图 4-19　将插装阀用作压力阀

（3）将插装阀用作流量控制阀

如图 4-20 所示，在插装阀的控制盖板上增加阀芯行程调节器，调节阀芯开度，可起到流量控制的作用。若在二通插装节流阀前串联一个定差减压阀，就可组成二通插装调速阀。若用比例电磁铁取代节流阀的手动调节装置，则可组成二通插装电液比例节流阀。

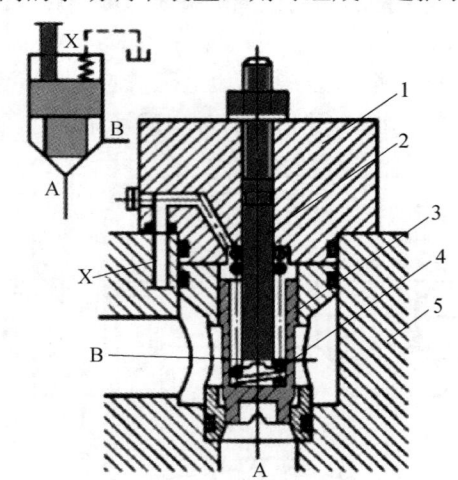

1—控制盖板　2—阀芯流量调节器　3—阀芯　4—复位弹簧　5—阀体
图 4-20　将插装阀用作流量控制阀

2. 写出图 4-11 中每个液压元件的名称。
例如，30—溢流插装阀

1—	2—	3—	4—	5—
6—	7—	8—	9—	10—
11—	12—	13—	14—	15—
16—	17—	18—	19—	20—

21—　　　　　22—　　　　　23—　　　　　24—　　　　　25—
26—　　　　　27—　　　　　28—　　　　　29—

3. 写出液压油传动路线，并简单分析原因。

1）上缸快速下行

进油路：

回油路：

原因分析：

2）上缸慢速下行

进油路：

回油路：

原因分析：

3）保压

进油路：

回油路：

原因分析：

4）释压

进油路：

回油路：

原因分析：

5）上缸回程
进油路：

回油路：

原因分析：

6）下缸顶出
进油路：

回油路：

原因分析：

7）下缸退回
进油路：

回油路：

原因分析：

三、任务评价

请学生和教师填写任务检查评分表（见表4-13）。

表 4-13　任务检查评分表（液压机插装阀集成液压系统分析）

序号	检查评分项目	自我检查结果	自我评分	组内检查结果	组内评分	小组互查结果	小组互评分	教师检查结果	教师评分
1	遵守安全操作规范（10分）								
2	态度端正，工作认真（10分）								
3	正确识别各元件的符号（20分）								
4	正确说出各元件的作用（20分）								
5	正确完成模拟仿真的全部内容（20分）								
6	正确排查回路故障（10分）								
7	做好 6S 管理工作（10分）								
合计									
总分									

任务4　液压机液压系统故障诊断与排除

4.1　误动作或动作失灵

液压机出现误动作或动作失灵故障时，可以从以下几个方面进行分析并排除故障。

1. 阀芯卡住或阀孔堵塞。当流量阀或方向阀阀芯卡住或阀孔堵塞时，液压缸易发生误动作或动作失灵故障。此时应检查油液的污染情况，是否有脏物或胶质沉淀物卡住阀芯或堵塞阀孔，并检查阀体的磨损情况。

2. 活塞杆与液压缸缸筒间连接卡住或液压缸堵塞。此时，无论如何操纵，液压缸都不动作或动作甚微。应检查活塞杆及活塞杆密封是否太紧，是否有脏物及胶质沉淀物进入液压缸，活塞杆与液压缸缸筒的轴心线是否对中，易损件和密封件是否失效。

3. 液压系统控制压力太低。导致液压系统控制压力低的原因可能是控制管路中节流阻力过大，流量阀调节不当，控制压力不合适，压力源受到干扰。此时应检查控制压力源，将控制压力调节到系统的规定值。

4. 液压油路中混入空气。液压油路中混入空气的原因是液压系统某处发生泄漏。此时应检查油箱的液位，液压泵吸油侧的密封件和油管接头，吸油粗滤器是否太脏。应根据情况采取补充液压油，处理密封件及油管接头，清洗或更换粗滤芯等措施。

5. 液压缸初始动作缓慢。在温度较低的情况下，液压油黏度大、流动性差，导致液压缸动作缓慢。解决这一问题的方法是更换黏温性能较好的液压油，在低温下借助加热器或利用机器自身加热功能提高启动时的液压油温。

4.2 工作时不能驱动负载

工作时不能驱动负载的表现为活塞杆停位不准、推力不足、速度下降、工作不稳定等，可以从以下几个方面进行分析并排除故障。

1. 液压缸内部泄漏。液压缸内部发生泄漏的原因包括液压缸体密封件损坏、活塞杆与密封盖密封件损坏、活塞杆密封磨损过量等。活塞杆与密封盖密封件损坏的原因是密封件折皱、挤压、撕裂、磨损、老化、变质、变形等，此时应更换新的密封件。活塞杆密封磨损过量的原因可能是速度控制阀调节不当，造成过高的背压，也可能是密封件安装不当或液压油污染。此时应调整速度控制阀，对照安装说明做出必要的操作和改进，清洗过滤器或更换滤芯、液压油。

2. 液压回路泄漏。液压回路泄漏包括各种液压阀泄漏及液压管路的泄漏。排除故障的方法是操纵换向阀，检查并消除液压管路的泄漏。

3. 液压油经溢流阀旁通与回油箱连通。若溢流阀中有异物卡住阀芯，使溢流阀常开，液压油会经溢流阀旁通直接流回油箱，导致液压缸中没有液压油进入。即使持续增加负载，溢流阀的调节压力达到最大额定值，液压缸仍得不到连续动作所需的推力。此时应检查并调整溢流阀。

4.3 液压缸活塞杆滑移或爬行

液压缸活塞杆滑移或爬行会导致液压缸工作不稳定，可以从以下几个方面进行分析并排除故障。

1. 液压缸内部涩滞。液压缸内部零件装配不当、变形、磨损，都会使动作阻力过大，导致液压缸活塞杆速度随着行程位置的不同而发生变化，出现活塞杆滑移或爬行。排除故障的方法是更换损伤的零件并清除液压油中的铁屑等异物。

2. 润滑不良或液压缸孔径尺寸不标准。因为活塞杆与液压缸缸筒、导轨与活塞杆等均有相对运动，如果润滑不良或液压缸孔径尺寸不标准，就会加剧磨损，使液压缸缸筒中心线直线性降低。这样，活塞杆在液压缸内工作时，摩擦阻力会时大时小，出现活塞杆滑移或爬行。排除故障的办法是先修磨液压缸孔径，再按配合要求配制活塞杆，修磨活塞杆并配置活塞杆导向套。

3. 液压泵或液压缸中混入空气。空气压缩或膨胀会造成活塞杆滑移或爬行。排除故障的方法是检查液压泵，设置专门的排气装置，进行数次排气。

4. 密封件质量较差。O形密封圈在低压条件下使用时，与V形密封圈相比，由于接触面压力较高、动静摩擦阻力之差较大，容易引起活塞杆滑移或爬行。V形密封圈的接触面压力随着压力的提高而增大，虽然密封效果相应提高，但动摩擦阻力和静摩擦阻力之差也变大，内压增加，影响橡胶弹性，由于唇缘的接触阻力增大，密封圈将会倾翻及唇缘伸长，也容易引起活塞杆滑移或爬行，可采用支承环保持其稳定。

液压机出现其他故障的现象、原因及排除故障的方法见表4-14。

表4-14 液压机其他故障的现象、原因及排除故障的方法

序号	现象	原因	排除故障的方法
1	液压泵不出油	（1）液压泵内有空气； （2）滤油器阻塞； （3）出油阀和出油阀座不匹配	（1）打开出油管接头排气； （2）清洗液压泵； （3）更换或修复相应零件
2	液压泵输油不稳定（压力表指针停滞或往复抖动）	（1）液压油黏度太小； （2）管路内有空气； （3）活塞杆处有异物； （4）有漏油处	（1）更换黏度适宜的油液； （2）排出管路内空气； （3）清洗、打磨已拉毛零件； （4）找出漏油处并进行处理
3	油压脉动	（1）液压泵内有空气； （2）液压油黏度太小； （3）送油阀节流针间隙过大； （4）液压泵内有异物； （5）钢球及球座有划痕	（1）排除空气； （2）更换黏度适宜的液压油； （3）减小节流针间隙； （4）清洗液压泵； （5）更换相应零件
4	油压达不到最大负荷	（1）活塞杆与活塞杆套配合过紧； （2）送油阀弹簧弹力太小； （3）送油阀活塞杆前端漏油； （4）管路接头漏油； （5）工作活塞杆间隙太大； （6）回油阀与针阀接口不匹配	（1）清洗或打磨相应零件； （2）在弹簧端面加垫圈或更换弹簧； （3）紧固螺套； （4）更换垫圈并拧紧接头； （5）更换活塞杆； （6）将回油阀加以打磨
5	卸荷后压力表指针不回零	（1）齿条被卡死； （2）摆杆回落太快，使齿条从滚轮中跳出	（1）调整弹簧片； （2）重新啮合齿条
6	摆杆在试件破坏后回落太快，造成冲击	（1）液压油黏度太小； （2）缓冲阀锥面与阀口间隙太大	（1）更换黏度适宜的液压油； （2）重新调整间隙
7	摆铊回落太慢	（1）液压油黏度太大； （2）缓冲阀锥面与阀口间隙太小	（1）更换黏度适宜的液压油； （2）重新调整间隙
8	启动油泵工作后压力表指针来回摆动	测力活塞杆下端与顶块未对准	调整零件位置
9	示值误差过大	（1）测力油缸与测力活塞杆间有异物； （2）工作油缸与工作活塞杆间的摩擦力过大	打磨油缸内壁和活塞杆，清理异物
10	度盘示值不稳定，在多次试压过程中误差方向多变	（1）立柱上方和下方的螺母未拧紧； （2）球座接触面粗糙	（1）拧紧螺母； （2）打磨球座接触面
11	试件受压后被损坏	球座接触面粗糙	打磨球座接触面
12	试件破型时爆裂声过大	（1）液压油缸间隙过大； （2）活塞杆上升高度过高	降低丝杆高度，减小工作活塞杆上升高度

项目习题

一、在图 4-21 所示回路中，如 $p_{Y1}=2$ MPa，$p_{Y2}=4$ MPa，卸荷时的各种压力损失均可忽略不计，请在表 4-15 中表示 A、B 两点处在不同工况时的压力值。

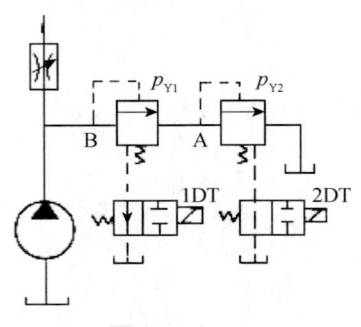

表 4-15　　（单位：MPa）

	1DT(+) 2DT(+)	1DT(+) 2DT(−)	1DT(−) 2DT(+)	1DT(−) 2DT(−)
A 点				
B 点				

图 4-21

二、在如图 4-22 所示的液压系统中，两液压缸有效面积均为 100 cm^2，缸 I 的负载 $F_1=3.5\times10^4$N，缸 II 的负载 $F_2=1\times10^4$N，溢流阀、顺序阀和减压阀的调定压力分别为 4.0 MPa、3.0 MPa 和 2.0 MPa。试分析下列三种情况下 A、B、C 三点的压力值。

（1）液压泵启动后，两换向阀处于中位时。

（2）电磁铁 1YA 通电，液压缸 I 的活塞杆移动时和活塞杆运动到终点时。

（3）电磁铁 1YA 断电，电磁铁 2YA 通电，液压缸Ⅱ的活塞杆移动时和活塞杆碰到死挡块时。

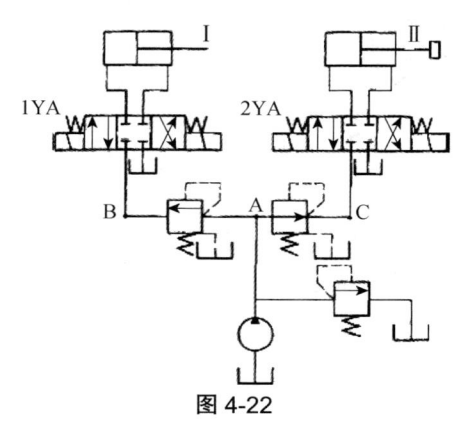

图 4-22

项目五　气压技术认知

【知识目标】

1. 了解气压传动的工作特点。
2. 了解气压传动在工程机械中的应用。
3. 掌握气源的组成及其工作原理。

【能力目标】

1. 能够使用 Fluidsim 软件画气压原理图。
2. 能够正确使用气源装置。

【素质目标】

1. 培养学生脚踏实地、勤于钻研的"钉子"精神
2. 培养学生"干一行、思一行"的职业精神和职业素养。

【思政故事】

顾秋亮，中国船舶重工集团公司第七〇二研究所水下工程研究开发部职工，蛟龙号载人潜水器首席装配钳工技师。工作中面对技术难题是常有的事，而顾秋亮每次都能见招拆招，靠的就是工作四十余年来养成的"螺丝钉"精神。他爱琢磨善钻研，喜欢啃工作中的"硬骨头"。凡是交给他的活儿，他总是绞尽脑汁想着如何改进安装方法和工具，提高安装精度，确保高质量地完成安装任务。正是凭着这股爱钻研的劲，顾秋亮在工作中练就了较强的创新和解决技术难题的技能，出色完成了各项高技术高难度高水平的工程安装调试任务。

导　语

气压传动是以空气压缩机为动力源，以压缩空气为工作介质，进行能量和信号传递的一门技术，是实现生产自动化的有效技术之一。气压传动的工作原理是利用空气压缩机把电动机或其他原动机输出的机械能转换为空气的压力能，然后在控制元件的作用下，通过执行元件把压力能转换为直线运动或旋转运动形式的机械能，从而完成各种动作并对外做功。使用气压传动的自动生产线如图 5-1 所示。

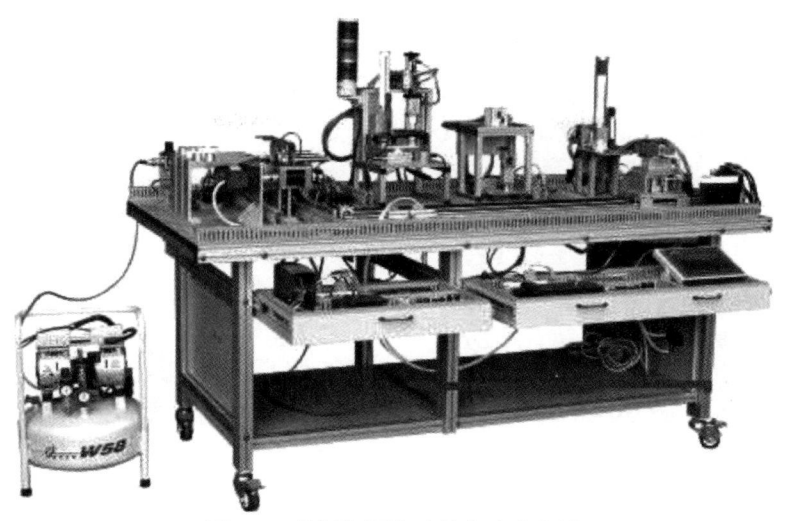

图 5-1 使用气压传动的自动生产线

任务 1　气动技术的应用

1.1　气动技术的特点

气动（气压传动）技术被广泛应用于机械、电子、轻工、纺织、食品、医药、包装、冶金、石化、航空、交通运输等各个领域中。它在提高生产效率、自动化程度、产品质量、工作可靠性和实现特殊工艺等方面显示出极大的优越性。气动技术具有以下特点。

1. 优点

（1）气动装置结构简单，易于安装和维护。压力等级低，使用安全。

（2）工作介质是在地表随处可取的空气，取之不尽、用之不竭。在大多数场合，排出的气体可无须处理，直接进入大气，不污染环境。

（3）在高温环境下仍能可靠工作，不会发生燃烧或爆炸。温度变化时，不会影响气压传动性能。

（4）空气在管道中流动时的压力损失较小，便于气源的集中供应和远距离输送。

（5）较容易得到直线往复运动，并且运动速度的变化范围广。气缸的平均速度为 50～500 mm/s。

（6）可在短时间内释放能量，得到间歇运动中的高速响应和大冲击力。可实现缓冲，对冲击负载和过负载有较强的适应能力，并起到自我保护的作用。

（7）能在易燃、易爆、多尘埃、强磁、辐射、振动等恶劣环境中工作。

2. 缺点

（1）因为空气的可压缩性较大，所以气动装置的动作稳定性较差，负载变化时，对工作速度的影响较大。

（2）因为工作压力低，所以气动装置输出的力和力矩受到限制。在结构尺寸相同的情况下，气压传动比液压传动输出的力要小得多。气压传动装置的输出的力不宜大于10～40 kN。

（3）因为气动装置中的信号传递速度比光控制装置和电控制装置中的信号传递速度慢，所以气动技术不宜用于信号传递速度要求较高的复杂线路中，但能够满足一般机械设备的信号传递速度要求。

（4）噪声较大，尤其是在超音速排气时要加消声器。

1.2 气动系统的组成

典型的气动系统由气源装置、控制元件、执行元件和辅助元件四部分组成，如图5-2所示。

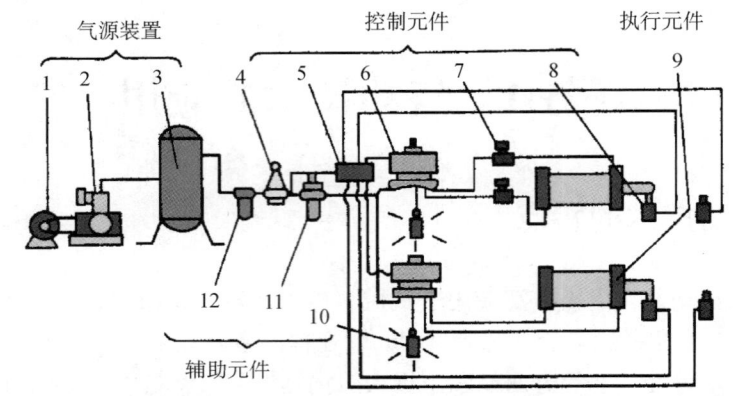

1—电动机　2—空气压缩机　3—气罐　4—压力控制阀　5—逻辑元件　6—方向控制阀
7—流量控制阀　8—行程阀　9—气缸　10—消音器　11—油雾器　12—分水滤气器

图 5-2 气动系统的组成

1. 气源装置

气源装置是用来获得压缩空气的装置，其主体部分是空气压缩机。压缩机能将原动机供给的机械能转化为空气的压力能。使用气动设备较多的单位常将气源装置集中于压缩空气站（简称压气站，俗称空压站）内，由压气站再统一向各用气点分配压缩空气。

2. 控制元件

控制元件是用来控制压缩空气的压力、流量和流动方向的装置，用于使执行元件完成预定的工作循环。它包括各种压力阀、流量阀和方向阀、射流元件、逻辑元件、传感器等。

3. 执行元件

执行元件是将气体的压力能转换成机械能的一种能量转换装置。它包括实现直线往复运动的气缸和实现连续旋转运动或摆动的气马达或摆动马达等。

4. 辅助元件

辅助元件是用于实现压缩空气的净化、元件的润滑、元件间的连接及消声等功能的装置。它包括过滤器、油雾器、管接头、消声器等。

1.3 压缩空气站

气动系统中的气源装置是为气动系统提供满足一定质量要求的压缩空气的装置，是气动系统的重要组成部分。由空气压缩机产生的压缩空气，必须经过降温、净化、减压、稳压等一系列处理后，才能供给控制元件和执行元件使用。

压缩空气站设备一般包括产生压缩空气的空气压缩机和使空气净化的辅助设备。图 5-3 是压缩空气站设备组成及布置示意图。

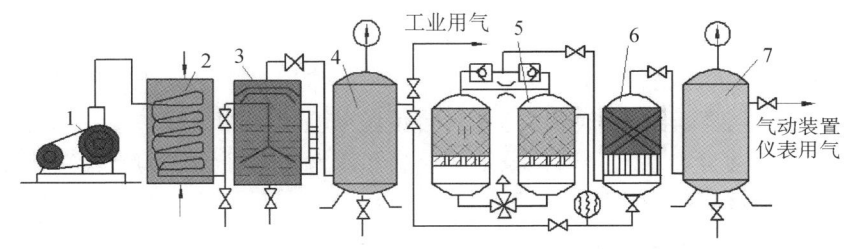

1—空气压缩机　2—冷却器　3—油水分离器　4、7—贮气罐　5—干燥器　6—过滤器

图 5-3　压缩空气站设备组成及布置示意图

在图 5-3 中，1 为空气压缩机，用来产生压缩空气，一般由电动机带动，其吸气口装有空气过滤器以减少进入空气压缩机的杂质。2 为冷却器，用来冷却压缩空气，能使气化的水、油凝结出来。3 为油水分离器，用来分离并排出凝结的水滴、油滴、杂质等。4 和 7 为贮气罐，用来贮存压缩空气，稳定压缩空气的压力并除去部分空气中的油和水。5 为干燥器，用来进一步吸收或排除压缩空气中的水和油，使之成为干燥空气。6 为过滤器，用来进一步过滤压缩空气中的灰尘、杂质颗粒。贮气罐 4 输出的压缩空气可用于一般要求的气动系统，贮气罐 7 输出的压缩空气可用于要求较高的气动系统（如气动仪表及射流元件组成的控制回路等）。

1. 空气压缩机

气动系统中最常用的空气压缩机是活塞往复式的，它通过曲柄连杆机构使活塞杆作往复运动而实现吸气和压气的过程，达到提高气体压力的目的，活塞往复式空气压缩机的原理图如图 5-4 所示。当活塞 3 向右运动时，气缸 2 内活塞左腔的压力低于大气压力，吸气阀 8 被打开，空气在大气压力作用下进入气缸 2 内，这个过程称为"吸气过程"。当活塞 3 向左移动时，吸气阀 8 在缸内压缩气体的作用下被关闭，缸内气体被压缩，这个过程称为压缩过程。当气缸 2 内空气压力增高到略高于输气管内压力后，排气阀 1 被打开，压缩空气进入输气管道，这个过程称为排气过程。活塞 3 的往复运动是由电动机带动曲柄 7 转动，通过连杆 6、滑块 5、连杆 4 转化为直线往复运动而产生的。图 5-4 中只表示了有一个活塞一个气缸的空气压缩机，大多数空气压缩机是多组活塞和气缸的组合。

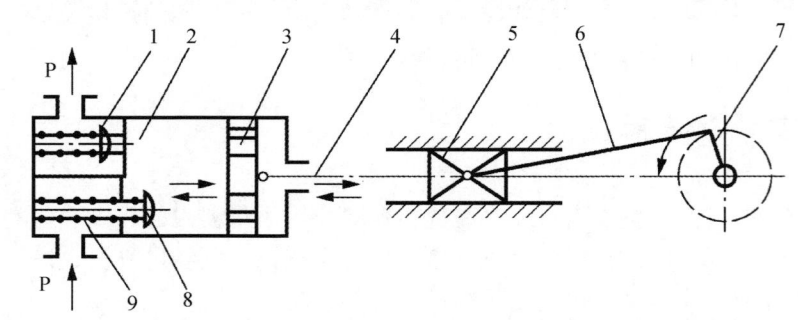

1—排气阀　2—气缸　3—活塞　4—连杆　5—滑块　6—连杆　7—曲柄　8—吸气阀　9—弹簧

图 5-4　活塞杆往复式空气压缩机原理图

2. 冷却器

冷却器安装在空气压缩机出口处的管道上，它的作用是将空气压缩机排出的压缩空气的温度由 140～170℃ 降至 40～50℃。这样就可使压缩空气中的油雾和水汽迅速达到饱和状态，使其中大部分油雾和水汽析出并凝结成油滴和水滴，以便经过油水分离器后被排出。冷却器的结构形式包括蛇形管式、列管式、散热片式、管套式等，蛇形管式冷却器和列管式冷却器的结构及职能符号见图 5-5。冷却器的冷却方式包括水冷和气冷两种。

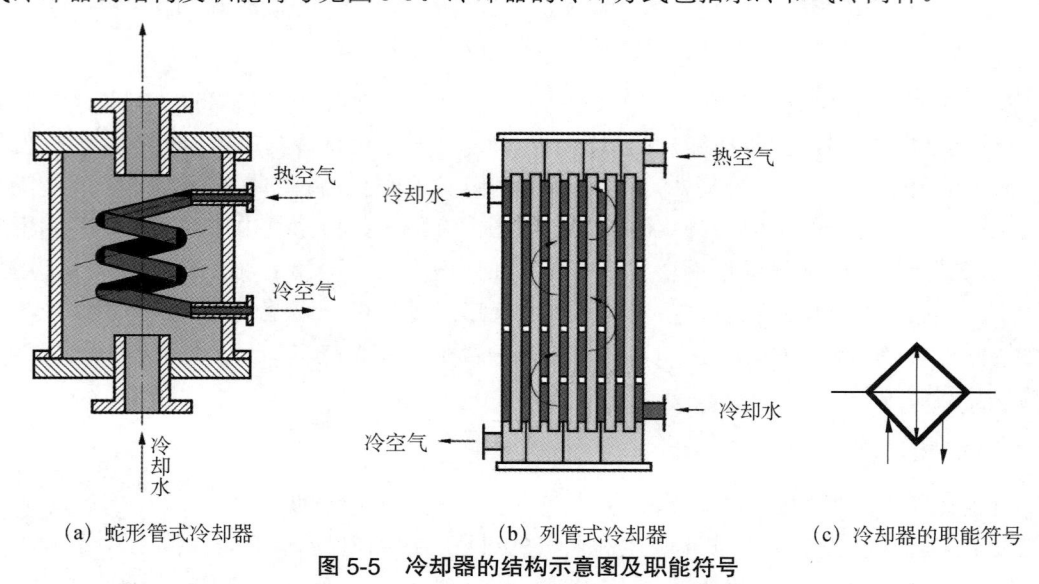

(a) 蛇形管式冷却器　　(b) 列管式冷却器　　(c) 冷却器的职能符号

图 5-5　冷却器的结构示意图及职能符号

3. 油水分离器

油水分离器安装在冷却器出口管道上，它的作用是分离并排出压缩空气中混入的油、水和灰尘杂质等，使压缩空气得到初步净化。图 5-6 所示为油水分离器的结构示意图和职能符号。压缩空气由入口进入油水分离器壳体后，气流先受到隔板阻挡而被撞击折回向下（气流方向如图 5-6 中箭头所示）。之后气流又上升产生环形旋转，这样在压缩空气中混入的油、水等杂质受惯性力作用而分离析出，沉降于壳体底部，可经过放水阀定期排出。

4. 贮气罐

贮气罐的主要作用是储存一定数量的压缩空气，以备压缩空气站发生故障或临时需要应急时使用；消除由于空气压缩机断续排气而对引起的压力脉动，保证气流输出的连续性和平稳性；进一步分离压缩空气中的油、水等杂质。贮气罐一般采用焊接结构，其结构示意图和职能符号如图 5-7 所示。

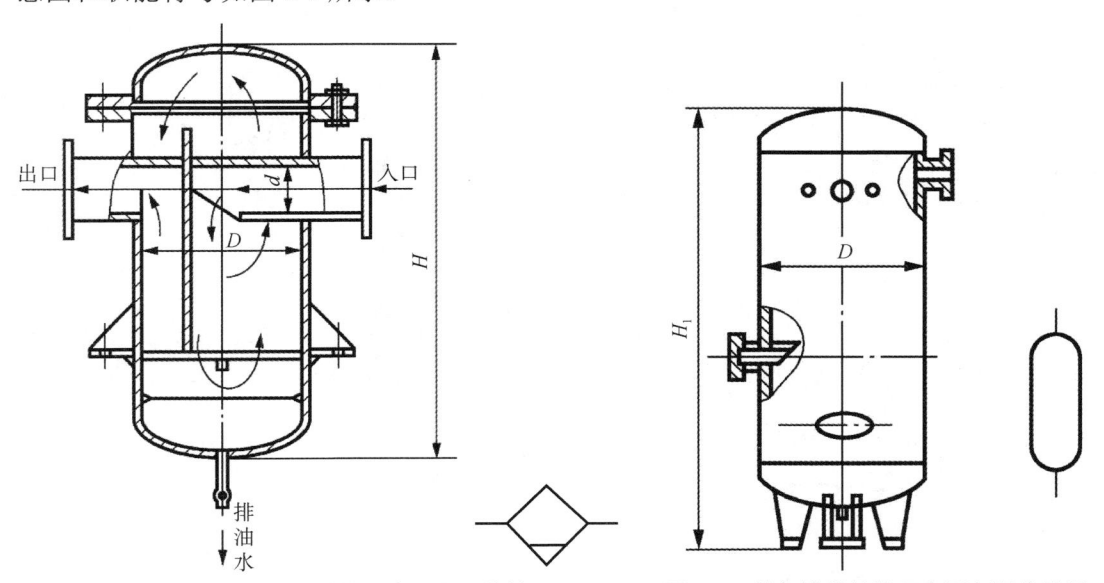

图 5-6 油水分离器的结构示意图和职能符号　　图 5-7 储气罐的结构示意图和职能符号

5. 干燥器

空气压缩机产生的压缩空气经过冷却器、油水分离器和贮气罐后，变成初步净化的压缩空气，已经能满足一般气动系统的需要。但此时压缩空气中仍含一定量的油、水以及少量粉尘，如果要将其用于精密的气动装置、气动仪表等，还必须进行干燥处理。干燥压缩空气可以采用吸附法、冷冻法等。吸附式干燥器的结构示意图和职能符号如图 5-8 所示。

6. 过滤器

不同的工作场景，对压缩空气的要求也不同。过滤器的作用是进一步滤除压缩空气中的杂质。常用的过滤器包括一次性过滤器（也称为简易过滤器，滤灰效率为 50%～70%）和二次过滤器（滤灰效率为 70%～99%）。在要求高的特殊工作场景中，还可使用高效率过滤器（滤灰效率大于 99%）。纸芯式过滤器的结构示意图和职能符号如图 5-9 所示。

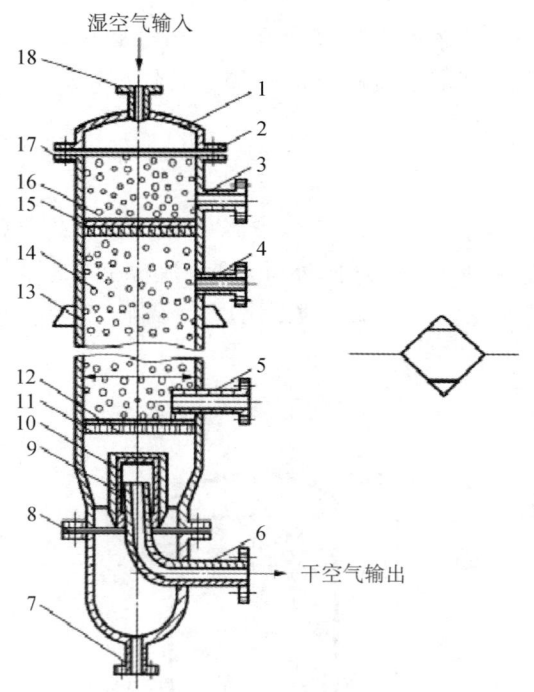

1—顶盖　2、8、17—法兰　3、4—再生空气排气口
5—再生空气进气口　6—干空气输出口　7—排水管
9、12、15—钢丝过滤网　10—毛毡　11—下栅板
13—筒体　14、16—吸附层　18—进气管

图 5-8　吸附式干燥器的结构示意图和职能符号

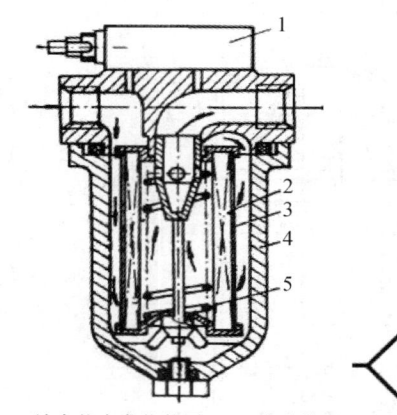

1—堵塞状态发信装置　2—滤芯外层　3—滤芯中层
4—滤芯内层　5—支承弹簧

图 5-9　纸芯式过滤器的结构示意图及其职能符号

1.4　气动三大件

分水滤气器、减压阀和油雾器一起称为气动三大件，它们是 3 个依次无管化连接而成的组件，是多数气动设备中必不可少的装置。大多数情况下，气动三大件组合使用，其安装顺序从进气方向上依次为分水滤气器、减压阀、油雾器。气动三大件应安装在用气设备的近处，气动三大件及其职能符号如图 5-10 所示。

压缩空气经过气动三大件处理后，将进入各气动元件及气动系统。因此，气动三大件是气动系统使用压缩空气质量的最后保障。有时可以只用气动三大件中的一件或两件对压缩空气进行处理，有时也可以使用多于气动三大件的装置对压缩空气进行处理，这是根据气动系统的具体用气要求确定的。

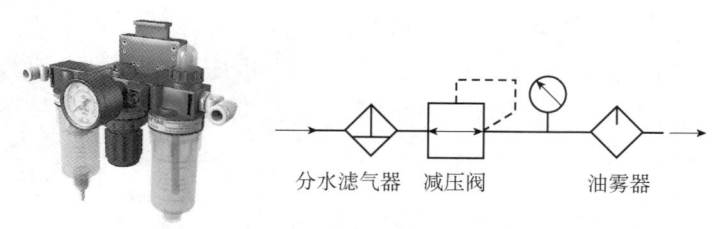

图 5-10　气动三大件及其职能符号

1. 分水滤气器

分水滤气器能除去压缩空气中的冷凝水、固态杂质和油滴，用于对压缩空气进行精过滤，分水滤气器的结构示意图和职能符号如图5-11所示。当压缩空气从输入口流入分水滤气器后，由旋风叶子1引入滤杯中，旋风叶子使空气沿切线方向旋转形成旋转气流，夹杂在压缩空气中的较大水滴、油滴和杂质被甩到滤杯的内壁上，并沿杯壁流到底部。然后压缩空气通过中间的滤芯2，将部分灰尘、雾状水滤除，洁净的压缩空气便从输出口输出。挡水板4的作用是防止气体漩涡将储水杯3中积存的污水卷起而破坏过滤效果。为保证分水滤气器正常工作，必须及时将储水杯3中的污水通过手动排水阀5放掉。在某些人工排水不方便的场合，可采用自动排水式分水滤气器。

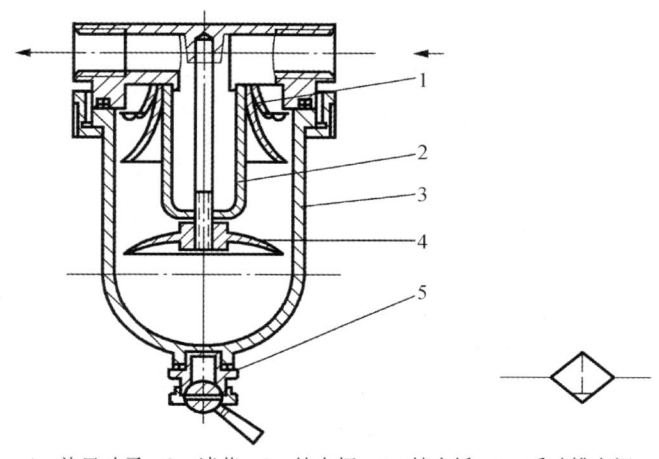

1—旋风叶子　2—滤芯　3—储水杯　4—挡水板　5—手动排水阀

图 5-11　分水滤气器的结构示意图和职能符号

2. 减压阀

通常每个液压系统都自带液压源（液压泵），而在气动系统中，通常由空气压缩机先将空气压缩，储存在贮气罐内，然后经管路输送给各个气动装置使用。而贮气罐中的空气压力往往比各气动装置所需的压力高，并且贮气罐中的空气压力波动也较大。因此需要用减压阀将空气压力减到各气动装置所需的压力，并使减压后气体的压力稳定在所需压力附近。

QTY型直动式减压阀的结构图和职能符号如图5-12所示。当该减压阀处于工作状态时，调节手柄1，调压弹簧2、3，膜片5，均跟随阀芯8向下移动，进气阀口10被打开，压缩空气从左端输入，经阀口节流减压后从右端输出。输出的压缩空气一部分经过阻尼管7进入膜片气室6，在膜片5的下方产生一个向上的推力，这个推力总是企图把进气阀口10的开度关小，使输出压缩空气的压力下降。当作用于膜片5上的推力与弹簧弹力平衡后，减压阀的输出压力便保持恒定。

当输入压力发生波动时，如果输入压力瞬时升高，输出压力也随之升高，作用于膜片5上的气体推力也随之增大，破坏了原来的力平衡，使膜片5向上移动，有少量气体经溢流孔12和排气孔11排出。在膜片5上移的同时，因复位弹簧9的作用，输出压力下降，直到产生新的力的平衡为止。重新平衡后的输出压力与之前保持恒定的压力值基本一致。反之，如果输出压力瞬时下降，膜片 5 下移，进气阀口 10 的开度增大，节流作用减小，输出压力又与之前保持恒定的压力值基本一致。

调节手柄 1 能使调压弹簧 2、3 恢复自由状态，输出压力降为零，阀芯 8 能在复位弹簧 9 的作用下使进气阀口 10 关闭，减压阀便处于截止状态，无压缩空气输出。

QTY 型直动式减压阀的调压范围为 0.05～0.63 MPa。为减少压缩空气流过减压阀所造成的压力损失，通常将压缩空气在减压阀内的流速控制在 15～25 m/s 内。

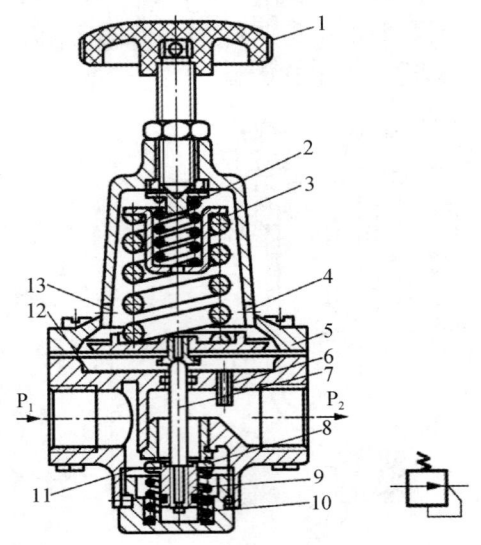

1—调节手柄　2、3—调压弹簧　4—溢流阀座　5—膜片　6—膜片气室　7—阻尼管
8—阀芯　9—复位弹簧　10—进气阀口　11—排气孔　12—溢流孔

图 5-12　QTY 型直动式减压阀的结构图和职能符号

安装减压阀时，要根据气流的方向和减压阀上所示的箭头方向，依照分水滤气器—减压阀—油雾器的顺序进行安装。调压时应由低向高，直至调为规定的压力值。减压阀不使用时，应将调节手柄放松，以免膜片长时间受压而变形。

3. 油雾器

油雾器是一种特殊的注油装置。它以空气为动力，在润滑油雾化后，将其混入压缩空气中，随压缩空气进入需要润滑的部位，达到润滑气动元件的目的。

普通油雾器（又称一次油雾器）的结构图和职能符号如图 5-13 所示。当压缩空气由气流入口进入后，通过小孔 2 进入阀座的腔室内，在截止阀 10 中钢球的上下表面形成压力差。在压缩空气和弹簧的共同作用下，使钢球处于中间位置。压缩空气进入储油杯 5 的上腔使油面受压，油液经吸油管 11 将单向阀 6 中的钢球顶起，钢球上部管道有一个方形小孔，钢球不能将上部管道封死，油液不断流入视油器 8 内，再滴入喷嘴中，被主管道中流过的压缩空气从上面的小孔 3 中引射出来，雾化后从出口 4 中输出。节流阀 7 用于调节油液流量，通常使油液流量在每分钟 0～120 滴内变化。

油雾器一般应配置在分水滤气器和减压阀之后，并且在用气设备之前的较近处。

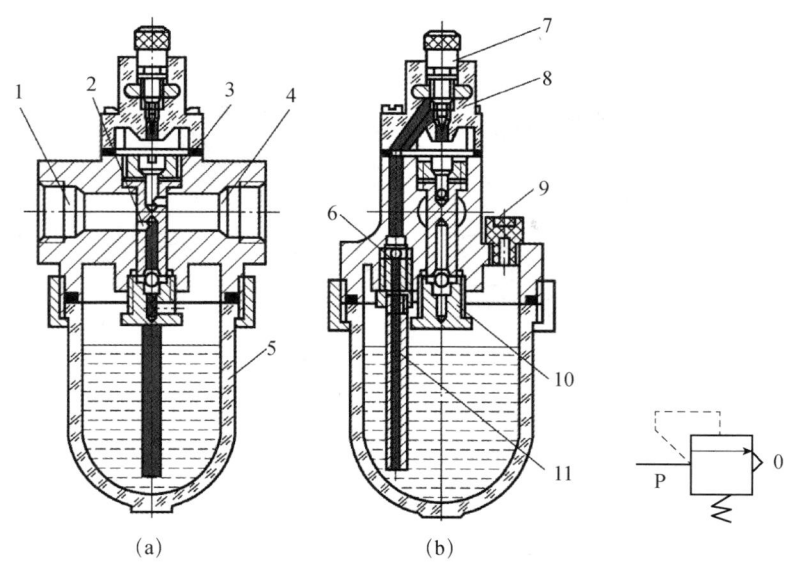

1—气流入口　2、3—小孔　4—出口　5—储油杯　6—单向阀　7—节流阀　8—视油器
9—旋阀　10—截止阀　11—吸油管

图 5-13　普通油雾器的结构图和职能符号

1.5　气源压力控制

在所有的气动回路或贮气罐中，当压力超过允许的压力值时，为了安全起见需要自动向外排气，这种压力控制阀称为安全阀（是一种溢流阀），安全阀在系统中起过载保护作用。

安全阀的结构示意图和职能符号如图 5-14 所示。当系统中气体压力在调定范围内时，作用在活塞 3 上的压力小于弹簧 2 的弹力，活塞杆处于关闭状态。当系统压力升高，作用在活塞 3 上的压力大于弹簧 2 的弹力时，活塞 3 向上移动，安全阀开始排气。直到系统压力降到调定值以下，活塞 3 又重新关闭。开启压力的大小与弹簧设置的预压量有关。

图 5-15 所示的气源压力控制回路用于控制系统中贮气罐的压力，使之不超过调定的最高压力值并且不低于调定的最低压力值。气源压力控制回路的优点是结构简单，工作可靠，缺点是浪费大量压缩空气。

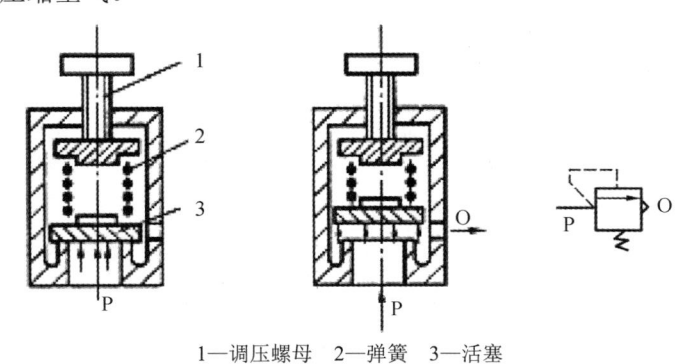

1—调压螺母　2—弹簧　3—活塞

图 5-14　安全阀的结构示意图和职能符号

1—安全阀　2—压力表

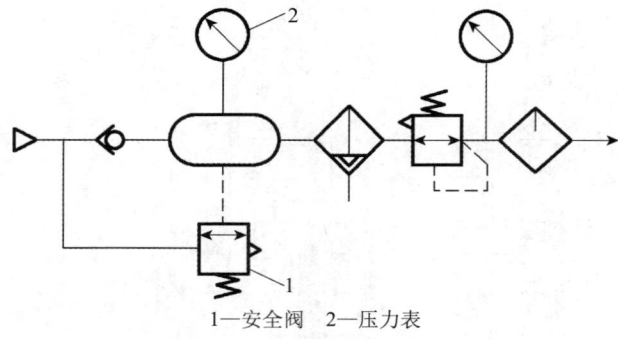

图 5-15　气源压力控制回路

项目习题

一、油水分离器的作用是什么？它为什么能将油和水分开？

二、油雾器的作用是什么？试简述其工作原理。

项目六　气液动力滑台气压系统传动分析及其故障诊断与排除

【知识目标】
1. 掌握气液阻尼缸的工作原理。
2. 掌握气动换向阀的工作原理。
3. 掌握气动节流阀的工作原理。
4. 掌握气动单向阀的工作原理。

【能力目标】
1. 能够设计行程阀控制的自动往返回路。
2. 能够设计气液联动速度控制回路。
3. 能够读懂气液动力滑台气压系统原理图。
4. 能够诊断并排除气液动力滑台典型故障。

【素质目标】
1. 培养严谨细致、吃苦耐劳的职业素养。
2. 培养学生"干一行、钻一行"的职业精神和职业素养。

【思政故事】
　　裴永斌是哈尔滨电机厂的车工，三十多年来主要加工水轮发电机的弹性油箱。自1985年从部队转业以来，裴永斌一直在生产一线与机床相伴，平均每年提出技术革新10多项，参与生产加工水电站发电机组核心设备——弹性油箱4000多件，创造了无一废品的纪录，并先后获得全国劳动模范、中国首届质量工匠等荣誉称号。

导　语

　　气液动力滑台如图6-1所示，它采用气液阻尼缸作为执行元件，是能在机械设备中实现进给运动的部件。

　　它是如何进行工作的呢？它由哪些气压基本回路组成？如何安装并调试这些气压基本回路和整个气压传动系统呢？这些都是本项目中要解决的主要问题。

图 6-1　气液动力滑台

任务 1　气液动力滑台气压基本回路设计

1.1　行程换向阀控制的自动返回回路设计

➲ **任务描述**

在全气阀控制的气压系统中，当活塞杆走到限位处时，可以利用行程换向阀实现活塞杆的自动返回功能。

➲ **任务实施**

一、课前准备

通过网络学习平台和图书资料，预习气控换向阀、手动换向阀、行程换向阀等相关知识。

二、任务引导

1. 新知识学习

1）气控换向阀

气控换向阀是以压缩空气为动力推动阀芯，使气路换向或通断的方向控制阀。气压控制换向阀的用途很广，多用于组成全气阀控制的气压传动系统中。

（1）单气控加压式换向阀

单气控加压式换向阀的工作原理图和职能符号如图 6-2 所示，图 6-2（a）所示为无气控信号 K 时的状态（常态），此时，阀芯 1 在弹簧 2 的作用下处于上端位置，使阀口 A 与阀口 O 连通，单气控加压式换向阀处于排气状态。图 6-2（b）所示为有气控信号 K 时的状态，阀芯 1 在压缩空气压力作用下压缩弹簧 2 下移，使阀口 A 与阀口 O 断开，阀口 P 与阀口 A 连通。

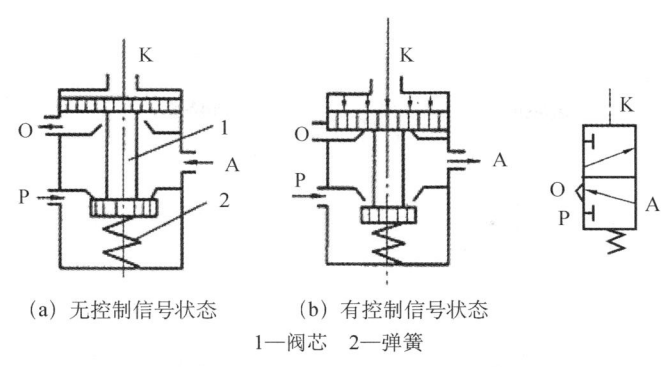

(a) 无控制信号状态　　(b) 有控制信号状态
1—阀芯　2—弹簧

图 6-2　单气控加压式换向阀的工作原理图和职能符号

（2）双气控加压式换向阀

双气控加压式换向阀的工作原理图和职能符号如图 6-3 所示。图 6-3（a）所示为有气控信号 K_2 时的状态（此时气控信号 K_1 不存在），此时阀芯停在左边，其通路状态是阀口 P 与阀口 A 连通、阀口 B 与阀口 O_2 连通。图 6-3（b）所示为有气控信号 K_1 时的状态（此时气控信号 K_2 已不存在），阀芯停在右边，其通路状态变为阀口 P 与阀口 B 连通、阀口 A 与阀口 O_1 连通。双气控加压式换向阀具有记忆功能，即气控信号消失后，它仍然能保持有气控信号时的工作状态。

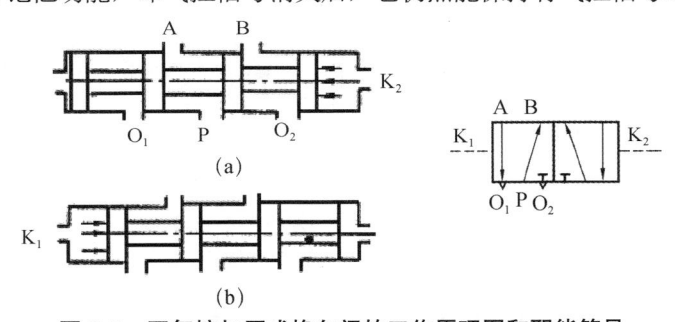

图 6-3　双气控加压式换向阀的工作原理图和职能符号

2）手动换向阀

手动换向阀有手动及脚踏两种控制方式。手动换向阀的工作原理图和职能符号如图 6-4 所示，其主体部分与气控换向阀类似，其控制方式有多种形式，如按钮式、旋钮式、锁式及推拉式等。

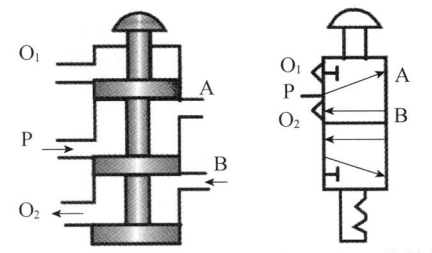

图 6-4　手动换向阀的工作原理图和职能符号

3）行程换向阀

行程换向阀又称机械控制换向阀，多用于行程控制，可作为信号阀使用。它常依靠凸轮、挡块或其他机械外力推动阀芯，实现换向功能。行程换向阀的工作原理图和职能符号如图 6-5 所示。

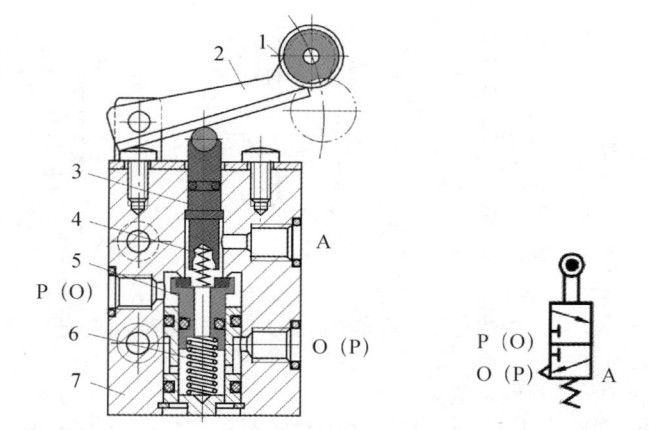

1—滚轮　2—连杆　3—推杆　4—弹簧　5—弹簧座　6—弹簧　7—阀体

图 6-5　行程换向阀工作原理图和职能符号

2. 模拟仿真

学生在教师指导下使用 FluidSIM 软件进行行程换向阀控制的自动返回回路设计，并进行模拟仿真。

（1）行程换向阀控制的自动返回回路气压原理图如图 6-6 所示，请写出"√"处气压元件的名称，并说明活塞杆能自动返回的原因。

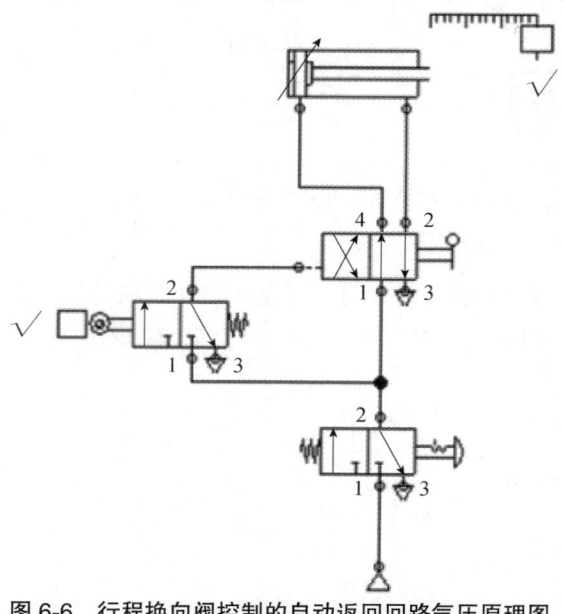

原因：

图 6-6　行程换向阀控制的自动返回回路气压原理图

（2）写出图 6-6 所示回路中气体的传动路线。

活塞杆伸出时：

活塞杆缩回时：

3. 表 6-1 中列出了行程换向阀控制的自动返回回路设计中使用的部分气压元件的职能符号，请将该表补充完整。

表 6-1 行程换向阀控制的自动往返回路设计中使用的部分气压元件

序号	职能符号	元件名称	数量	作用
1				
2				
3				
4				
5				
6				

三、任务评价

学生和教师填写任务检查评分表（见表 6-2）。

表 6-2 任务检查评分表（行程换向阀控制的自动往返回路设计）

序号	检查评分项目	自我检查结果	自我评分	组内检查结果	组内评分	小组互查结果	小组互评分	教师检查结果	教师评分
1	遵守安全操作规范（10分）								
2	态度端正，工作认真（10分）								
3	正确识别各元件的符号（20分）								
4	正确说出各元件的作用（20分）								
5	正确完成模拟仿真的全部内容（20分）								
6	正确排查回路故障（10分）								

续表

序号	检查评分项目	自我检查结果	自我评分	组内检查结果	组内评分	小组互查结果	小组互评分	教师检查结果	教师评分
7	做好6S管理工作（10分）								
合计									
总分									

1.2 气液联动速度控制回路设计

⊃ 任务描述

因为气体具有可压缩性，所以其运动速度不稳定，定位精度也不高。因此，在气动调速和定位精度不能满足要求的情况下，可采用气液联动的方式对回路进行控制。

⊃ 任务实施

一、课前准备

通过网络学习平台和图书资料，预习气液阻尼缸、节流阀、单向节流阀等相关知识。

二、任务引导

1. 新知识学习

1）气液阻尼缸

普通气缸工作时，由于气体具有压缩性，当外部载荷变化较大时，会出现"爬行"或"自走"现象，使气缸的工作状态不稳定。为了使气缸运行平稳，普遍采用气液阻尼缸。

气液阻尼缸是由气缸和油缸组合而成的，其工作原理见图6-7。它以压缩空气为动力，利用液压油的不可压缩性并通过控制液压油排量来获得活塞杆的平稳运动和调节活塞杆的运动速度。它将油缸和气缸串联成一个整体，将两个活塞杆固定在一根活塞杆上。当压缩空气从气缸右端进入时，气缸克服外负载并带动油缸同时向左运动，此时油缸左腔排油、单向阀3关闭。液压油只能经过节流阀缓慢流入油缸右腔中，对整个活塞杆的运动起阻尼作用。调节节流阀阀口的开度，就能达到调节活塞杆运动速度的目的。当压缩空气经换向阀从气缸左端进入时，气缸带动油缸同时向右运动。油缸右腔排油，此时因单向阀开启，活塞杆能快速返回到原来位置。

这种气液阻尼缸通常将双活塞杆缸作为油缸，因为这样可使油缸两腔的排油量相等，此时油杯2内的液压油只用来补充因油缸泄漏而减少的油量。

2）节流阀

圆柱斜切型节流阀的结构示意图和职能符号如图6-8所示。压缩空气由P口进入，经过节流后，由A口流出。旋转阀芯螺杆，就可改变节流口的开度，从而调节压缩空气的流量。因为这种节流阀的结构简单、体积小，所以应用范围较广。

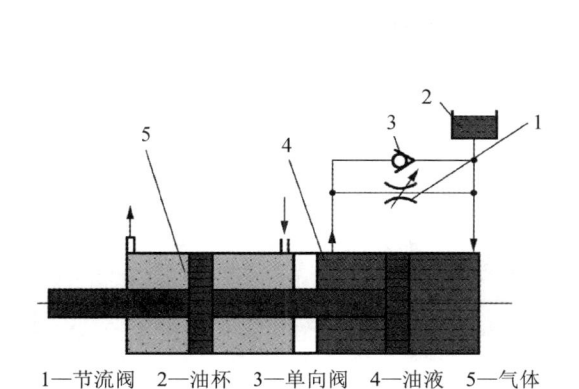

1—节流阀　2—油杯　3—单向阀　4—油液　5—气体

图 6-7　气液阻尼缸工作原理图

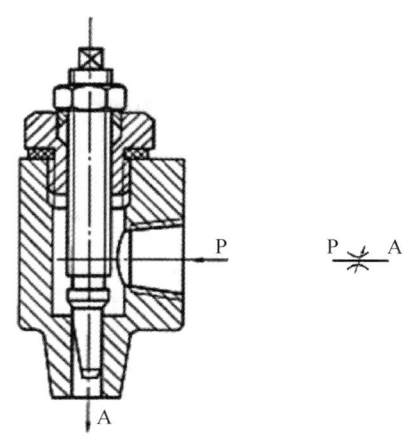

图 6-8　圆柱斜切型节流阀的结构示意图和职能符号

3）单向节流阀

单向节流阀是由单向阀和节流阀并联而成的组合式流量控制阀，其结构示意图和职能符号如图 6-9 所示。当气流沿着正向流动时，会经过节流阀节流；沿着反方向流动时，单向阀打开，不节流。单向节流阀通常被应用于气缸调速和延时回路中。

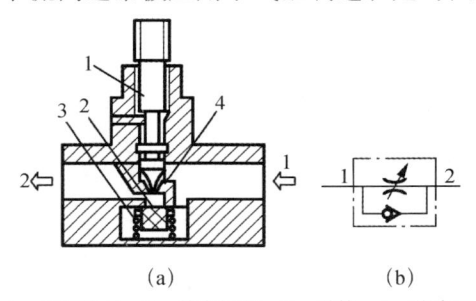

1—调节螺母　2—单向阀芯　3—弹簧　4—节流口

图 6-9　单向节流阀的结构示意图和职能符号

2. 模拟仿真

学生在教师指导下使用 FluidSIM 软件进行气液联动速度控制回路设计，并进行模拟仿真。

（1）气液联动控制回路气压原理图如图 6-10 所示，请说出其中各元件的名称并说出速度平稳性好的原因。

原因：

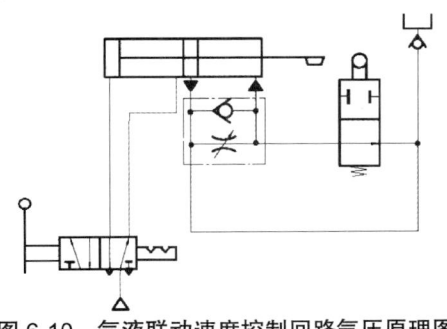

图 6-10　气液联动速度控制回路气压原理图

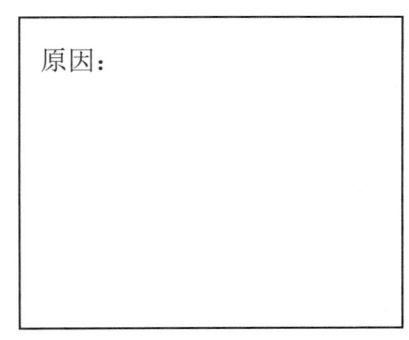

（2）写出图 6-10 所示图中气体的传动路线。

快进时：

工进时：

快退时：

3. 表 6-3 中列出了气液联动速度控制回路设计中使用的部分气压元件的职能符号，请将该表补充完整。

表 6-3　气液联动速度控制回路设计中使用的部分气压元件

序号	职能符号	元件名称	数量	作用
1				
2				
3				
4				

三、任务评价

学生和教师填写任务检查评分表（见表 6-4）。

表 6-4　任务检查评分表（气液联动速度控制回路设计）

序号	检查评分项目	自我检查结果	自我评分	组内检查结果	组内评分	小组互查结果	小组互评分	教师检查结果	教师评分
1	遵守安全操作规范（10 分）								
2	态度端正，工作认真（10 分）								
3	正确识别各元件的符号（20 分）								
4	正确说出各元件的作用（20 分）								

续表

序号	检查评分项目	自我检查结果	自我评分	组内检查结果	组内评分	小组互查结果	小组互评分	教师检查结果	教师评分
5	正确完成模拟仿真的全部内容（20分）								
6	正确排查回路故障（10分）								
7	做好6S管理工作（10分）								
合计									
总分									

任务2　气液动力滑台气压系统传动分析

2.1　气液动力滑台气压系统

气液动力滑台气压传动系统原理图如图6-11所示。气液动力滑台采用气液阻尼缸作为执行元件。由于气液动力滑台上可安装单轴头、动力箱或工件，因此它在机床上常被作为实现进给运动的部件。

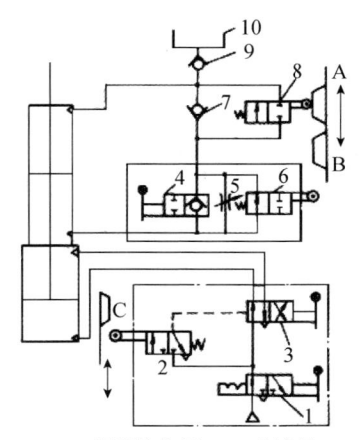

1、3、4—手动换向阀　2、6、8—行程换向阀　5—节流阀　7、9—单向阀　10—补油箱

图6-11　气液动力滑台气压传动系统原理图

2.2　气液动力滑台气压系统工作回路分析

图6-11所示的气液动力滑台可完成如下两种工作循环。

1. 快进—工进—快退—停止

当图6-11中的手动换向阀4处于右位（图6-11中所示状态）时，可以实现"快进—工进—快退—停止"这一工作循环，具体原理如下。

（1）快进

当手动换向阀3切换到右位时，发出进刀信号，气缸中的活塞杆在气压作用下开始向下运动，液压缸下腔的液压油经过行程换向阀6的左位和单向阀7进入液压缸上腔，实现快进。

写出此过程中液压油的传动路线。

油路：

写出此过程中气体的传动路线。

进气路：

回气路：

（2）工进

当快进刀活塞杆上的挡铁B切换行程换向阀6右位后，液压油只经过节流阀5进入液压缸上腔，液压缸活塞杆开始工进。调节节流阀的开度即可调节活塞杆运动速度。

写出此过程中液压油的传动路线。

油路：

写出此过程中气体的传动路线。

进气路：

回气路：

（3）快退

工进至触碰到挡铁C时，行程换向阀2复位，手动换向阀3切换到左位，气缸活塞杆向上运动。液压缸上腔的液压油经过单向阀8的左位和手动换向阀4中的单向阀进入液压缸下腔，实现快退。

写出此过程中液压油的传动路线。

油路：

写出此过程中气体的传动路线。
进气路：

回气路：

（4）停止

当快退至触碰到挡铁 A 时，单向阀 8 发挥作用，切断油液通道，液压缸活塞杆停止运动。

2. 快进—工进—慢退—快退—停止

当图 6-11 中的手动换向阀 4 处于左位时，可以实现"快进—工进—慢退—快退—停止"这一工作循环，具体原理如下。

（1）快进和工进

快进和工进两个动作的原理与前一工作循环相同。

（2）慢退

当工进至触碰到挡铁 C 时，行程换向阀 2 切换至左位，手动换向阀 3 切换至左位，气缸活塞杆开始向上运动，这时液压缸上腔的液压油经过单向阀 8 的左位和节流阀 5 进入液压缸下腔，实现慢退。

写出此过程中液压油的传动路线。
油路：

写出此过程中气体的传动路线。
进气路：

回气路：

（3）快退

慢退到挡铁 B 离开行程换向阀 6 的顶杆后，行程换向阀 6 复位，液压缸上腔的液压油经过行程换向阀 6 的左位进入液压缸下腔，实现快退。

写出此过程中液压油的传动路线。

油路：

写出此过程中气体的传动路线。
进气路：

回气路：

（4）停止

当挡铁 A 触碰行程换向阀 8 的顶杆后，油路被切断，液压缸活塞杆停止运动。

2.3 气液动力滑台气压系统的特点

气液动力滑台气压系统具有如下特点。
1. 气动部分只是动力源，将节流阀放置在油路上能起到调速平稳的作用。
2. 自动换向回路由行程换向阀控制。
3. 采用行程换向阀实现速度的切换。

任务 3　气液动力滑台气压系统故障诊断与排除

3.1 气体压力不足

1. 气体压力不足，可能是气源压力调得太低。出现这种情况时应重新调定气源压力。
2. 气体压力不足，可能是管路连接错误，将气源和排气管接通，使气体压力急剧降低。

3.2 气缸不动作

1. 气缸不动作，可能是气缸本身发生故障，出现这种情况时应检修气缸。
2. 气缸不动作，可能是单向阀接反，出现这种情况时应重新安装单向阀。

3.3 速度无法切换

速度无法切换，通常是行程换向阀安装位置不正确造成的。

项目习题

一、简述常见气缸的类型以及它们各自的功能和用途。

二、简述气液阻尼缸是如何工作的。

三、选择气缸时应注意哪些问题?

项目七　公交车关门防夹气压系统传动分析及其故障诊断与排除

【知识目标】
1. 掌握气压逻辑元件的工作原理。
2. 掌握气压顺序阀的工作原理。
3. 掌握行程换向阀的工作原理。

【能力目标】
1. 能够设计手动换向回路。
2. 能够设计过载自动保护回路。
3. 能够设计公交车关门防夹气压系统。
4. 能够排除公交车关门防夹气压系统常见故障。

【素质目标】
1. 培养学生严谨细致、吃苦耐劳的职业素养。
2. 培养学生"干一行、研一行"的职业精神和职业素养。

【思政故事】
在没有先进实验设备、科研条件艰苦的情况下,屠呦呦带领着团队攻坚克难,面对失败不退缩,成功提取出青蒿素,并在反复试验中得出了青蒿素对疟疾抑制率达到100%的结论。青蒿素问世44年来,共使超过600万人逃离疟疾的魔掌。

导　语

公交车是目前最重要的公共交通工具之一。公交车司机在关门时,主要根据自己的观察判断出乘客是否已经完全上车和下车,然后按下相应的按钮关门。但当公交车乘客比较多时,司机可能会观察不清楚乘客的上车和下车情况,如果乘客还在下车时,司机忽然按下关门按钮,会把乘客强行推下车,非常危险。

公交车关门时如何实现防夹功能呢?公交车关门防夹气压系统由哪些气压基本回路组成?如何安装并调试这些气压基本回路?这些都是本项目中要解决的主要问题。

任务1　公交车关门防夹气压系统基本回路设计

1.1　手动换向回路设计

◯ 任务描述

因为公交车司机和乘务员都能控制车门的打开与关闭，所以公交车关门防夹气压系统中大多采用逻辑元件控制的手动换向回路。

◯ 任务实施

一、课前准备

通过网络学习平台和图书资料，预习梭阀、双压阀等相关知识。

二、任务引导

1. 新知识学习

1）梭阀

如图 7-1 所示，梭阀是由两个单向阀组合而成的阀，其作用相当于"或门"。梭阀有两个进气口 P_1 和 P_2，一个出气口 A，进气口 P_1 和 P_2 都可与出气口 A 相通，但进气口 P_1 和 P_2 互不相通。进气口 P_1 和 P_2 中的任一个有气体输入，出气口 A 都有气体输出。如果两个进气口输入的压力不等，则高压进气口与出气口相通。如果两个进气口输入的压力相同，则先输入压力的进气口与出气口相通，仅当进气口 P_1 和 P_2 都无信号输入时，出气口 A 才无信号输出。

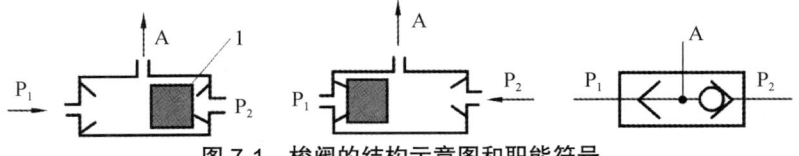

图 7-1　梭阀的结构示意图和职能符号

2）双压阀

如图 7-2 所示，双压阀也是由两个单向阀组合而成的阀，其作用相当于"与门"。它有两个进气口 P_1 和 P_2，一个出气口 A。当进气口 P_1 或 P_2 口单独有气体输入时，阀芯被推向另一侧，出气口 A 无气体输出。只有当进气口 P_1 和 P_2 同时有气体输入时，出气口 A 才有气体输出。当进气口 P_1 和 P_2 输入气体的压力不等时，气压低的进气口的气体通过出气口 A 输出。

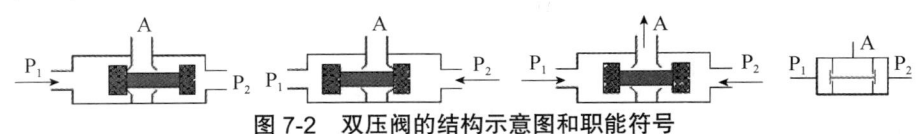

图 7-2　双压阀的结构示意图和职能符号

2. 模拟仿真

学生在教师的指导下使用 FluidSIM 软件进行手动换向回路设计，并进行模拟仿真。

（1）手动换向回路气压原理图如图 7-3 所示，请在"√"处补充相应的气压逻辑元件，使左边两个换向阀都能让活塞杆伸出，使右边两个换向阀都能让活塞杆缩回。并说明选择该元件的原因。

原因：

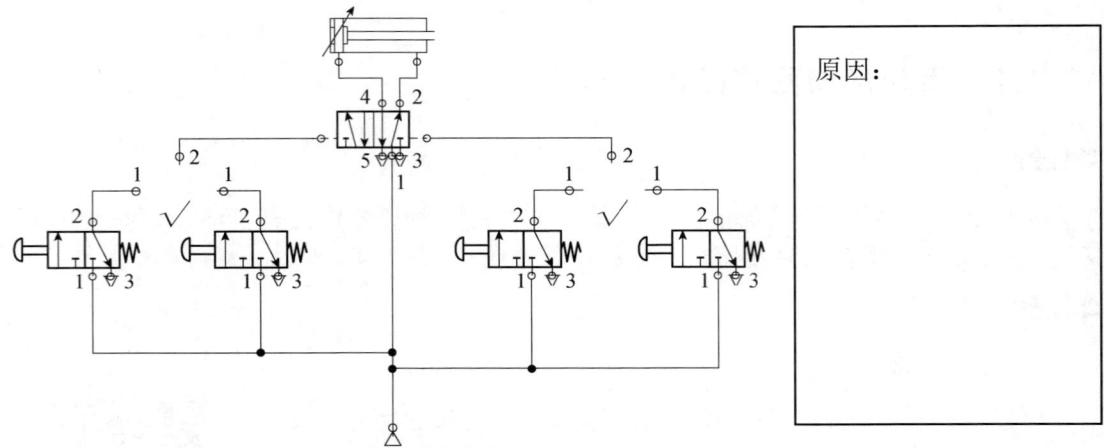

图 7-3　手动换向回路气压原理图

（2）写出图 7-3 所示回路中气体的传动路线。

活塞杆伸出时：

活塞杆缩回时：

3. 表 7-1 中列出了手动换向回路设计中使用的部分气压元件的职能符号，请将该表补充完整。

表 7-1　手动换向回路设计中使用的部分气压元件

序号	职能符号	元件名称	数量	作用
1				
2				
3				
4				

三、任务评价

学生和教师填写任务检查评分表（见表 7-2）。

表 7-2 任务检查评分表（手动换向回路设计）

序号	检查评分项目	自我检查结果	自我评分	组内检查结果	组内评分	小组互查结果	小组评分	教师检查结果	教师评分
1	遵守安全操作规范（10 分）								
2	态度端正，工作认真（10 分）								
3	正确识别各元件的符号（20 分）								
4	正确说出各元件的作用（20 分）								
5	正确完成模拟仿真的全部内容（20 分）								
6	正确排查回路故障（10 分）								
7	做好 6S 管理工作（10 分）								
合计									
总分									

1.2 过载自动保护回路设计

◯ **任务描述**

如果公交车关门时碰到人和物，会使负载增大，导致气体压力升高，可以利用这一信号变化让公交车门自动打开，实现防夹功能。

◯ **任务实施**

一、课前准备

通过网络学习平台和图书资料，预习气压顺序阀、压力顺序阀等相关知识。

二、任务引导

1. 新知识学习

1）气压顺序阀

气压顺序阀是依靠气路中压力的作用而控制执行元件按顺序动作的压力控制阀，其结构示意图和职能符号如图 7-4 所示。气压顺序阀根据弹簧的预压缩量来控制其开启压力。当输入压力达到或超过开启压

气动顺序阀

力时，顶开弹簧，进气口 P 到出气口 A 才有气体输出；反之出气口 A 无气体输出。

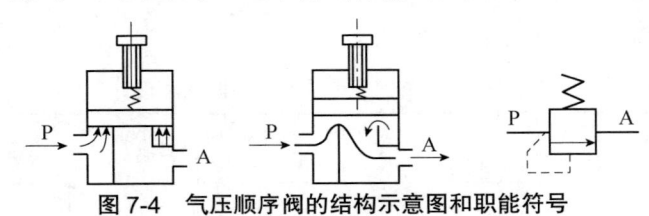

图 7-4 气压顺序阀的结构示意图和职能符号

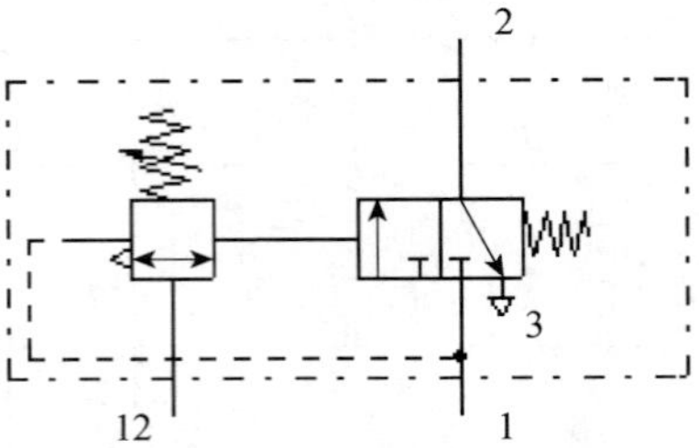

图 7-5 压力顺序阀的职能符号

2）压力顺序阀

工业上，一般把气压顺序阀和二位三通单作用式气控换向阀组合使用，称为压力顺序阀，其职能符号如图 7-5 所示。当气压顺序阀被打通通气时，二位三通单作用式气控换向阀换为左位，它控制的气路通气，当顺序阀关闭不通气时，二位三通单作用式气控换向阀回到右位，它控制的气路不通气。

2. 模拟仿真

学生在教师指导下使用 FluidSIM 软件进行过载自动保护回路设计，并进行模拟仿真。

（1）过载自动保护回路气压原理图如图 7-6 所示，请在"√"处补充相应的气压逻辑元件和连线，使活塞杆走到终点后自动返回，并说明选择该元件和如此连线的原因。

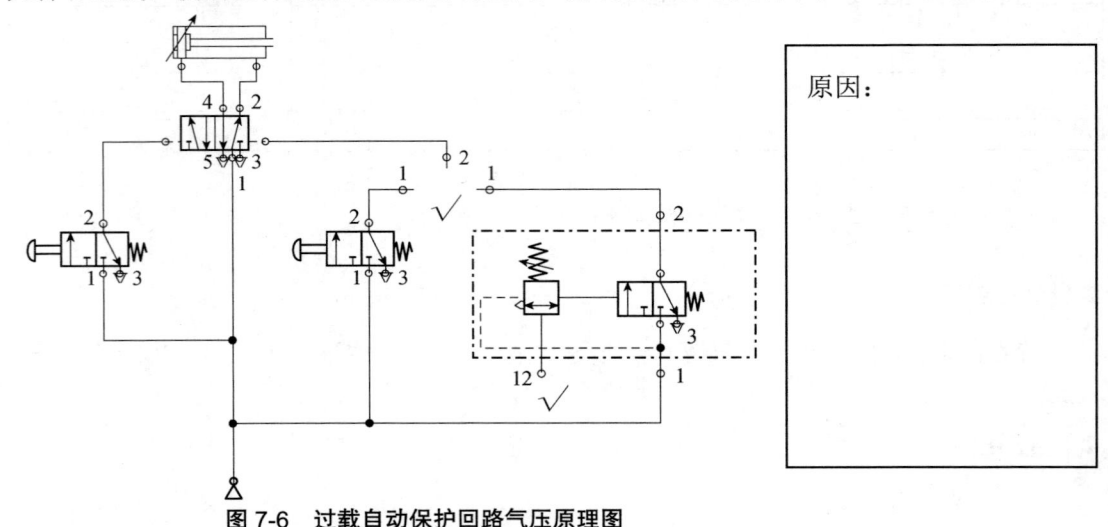

原因：

图 7-6 过载自动保护回路气压原理图

（2）写出图 7-6 所示回路过载时的气体传动路线。

活塞杆伸出时：

活塞杆缩回时：

3. 表 7-3 中列出了过载自动保护回路设计中使用的部分气压元件的职能符号，请将该表补充完整。

表 7-3 过载自动保护回路设计中使用的部分气压元件

序号	职能符号	元件名称	数量	作用
1				
2				
3				
4				

三、任务评价

学生和教师填写任务检查评分表（见表 7-4）。

表 7-4 任务检查评分表（过载自动保护回路设计）

序号	检查评分项目	自我检查结果	自我评分	组内检查结果	组内评分	小组互查结果	小组互评分	教师检查结果	教师评分
1	遵守安全操作规范（10分）								
2	态度端正，工作认真（10分）								
3	正确识别各元件的符号（20分）								
4	正确说出各元件的作用（20分）								
5	正确完成模拟仿真的全部内容（20分）								
6	正确排查回路故障（10分）								
7	做好 6S 管理工作（10分）								
合计									
总分									

任务 2　公交车关门防夹气压系统传动分析

2.1　公交车关门防夹气压系统

现有的公交车关门防夹技术主要是采用电子传感器、红外线感应等让公交车门关门遇到人和物时自动打开，实现防夹，其缺点是电子元件寿命较短，易出故障。相对于电子传感器等电子元件，气压元件寿命较长，使用过程中不容易出现故障，可以用于纯气压控制的公交车关门防夹气压系统。而且现在的公交车门绝大部分还是使用气缸开关门，纯气压控制的公交车关门防夹气压系统与开关门气压系统可以集成为一个气压系统，不用再专门设计电控系统，能大大降低成本。

2.2　公交车关门防夹气压系统回路分析

1. 普通开关门气压系统

普通开关门气压系统原理图如图 7-7 所示，司机处和乘务员处分别有一个开门和关门按钮。两个开门和关门按钮之间通过梭阀连接，当司机或乘务员按下各自位置的开门按钮时，二位五通换向阀换为右位，活塞杆缩回，公交车门打开。当司机或乘务员按下各自位置的关门按钮时，活塞杆伸出，公交车门关闭。另外，为了保证开关门的平稳性，采用节流阀限速。

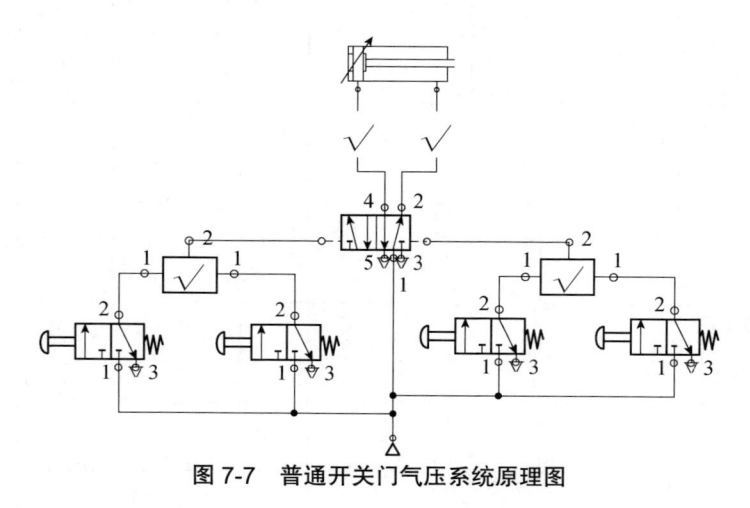

图 7-7　普通开关门气压系统原理图

（1）在图 7-7 中"√"处补充相应的气压元件。
（2）写出图 7-7 所示回路中气体的传动路线。

开门时：

关门时：

2. 具有防夹功能的开关门气压系统

为了避免公交车在关门时夹到人，我们在普通开关门气压系统中增加了行程换向阀和压力顺序阀。在公交车关门的过程中，如果碰到障碍，气缸无杆腔的压力升高，压力顺序阀会反馈该压力信号，使车门重新打开，起到防夹的作用。关好门时，虽然气缸无杆腔的压力也会升高，但此时会碰到行程换向阀，会反馈该位置信号，使车门关闭之后，不会像碰到人一样自动打开。

（1）具有防夹功能的开关门气压系统原理图如图 7-8 所示，请在"√"处补充相应的气压元件和元件名称。

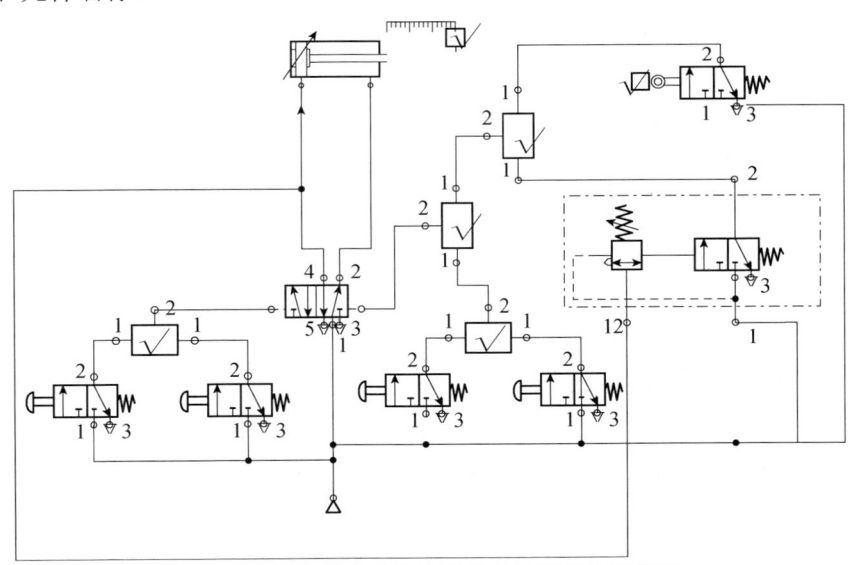

图 7-8　具有防夹功能的开关门气压系统原理图

2）写出图 7-8 所示回路中气体的传动路线：

开门时：

关门时夹人时：

正常关门时：

2.3 公交车关门防夹气压系统的特点

公交车关门防夹气压系统具有如下特点。

1. 采用纯气压控制，寿命长，安全可靠，价格便宜。
2. 当关门遇到障碍时，气缸无杆腔压力升高，通过压力顺序阀反馈压力信号让公交车门自动打开，起到安全保护的作用。
3. 正常关门时，活塞杆到终点位置时压力也会升高，但是采用行程换向阀进行位置信号反馈，使关好的门不会因为气缸无杆腔压力升高自动打开，确保能正常关门。

任务3 公交车关门防夹气压系统故障诊断与排除

3.1 气体压力不足

1. 气体压力不足，可能是气源压力调得太低，此时应重新调定气源压力。
2. 气体压力不足，可能是气管连接错误，使气源和排气塞接通，由于排气造成气体压力急剧降低。

3.2 公交车不能正常关门

1. 公交车不能正常关门，可能是行程换向阀的气口接反，应调整为 P 口接排气塞，O 口接气源。
2. 公交车不能正常关门，可能是行程换向阀的安装位置不合理或行程换向阀出现故障，造成公交车关好门时不能发出正确信号。

3.3 公交车门夹到人不返回

1. 公交车门碰到人不返回，可能是行程换向阀的气口接反，应调整为 P 口接排气塞，O 口接气源。
2. 公交车门碰到人不返回，可能是气压顺序阀的压力调定过大，此时应重新调整气压顺序阀压力。
3. 公交车门碰到人不返回，可能是气缸故障，此时应维修或更换气缸。

项目习题

一、常用的气动逻辑元件有哪些？它们各自具有什么功能？

二、简述常见气动压力控制回路的种类及其用途。

项目八　自动计量装置气压系统传动分析及其故障诊断与排除

【知识目标】
1. 掌握排气节流阀的工作原理。
2. 掌握延时阀的工作原理。

【能力目标】
1. 能够设计高压、低压转换回路。
2. 能够设计多缸顺序动作回路。
3. 能够设计排气节流调速回路。
4. 能够设计延时换向回路。
5. 能够读懂自动计量装置气压系统原理图。
6. 能够诊断并排除自动计量装置气压系统典型故障。

【素质目标】
1. 培养学生求真务实、敬业专注的职业品质。
2. 培养学生"干一行、创一行"的职业精神和职业素养。

【思政故事】
　　2009 年，黄大年毅然放弃国外优越条件回到祖国，成为东北地区第一批"国家专家"。他主动担任本科层次"李四光实验班"班主任，鼓励学生将个人价值与国家前途命运紧密联系在一起，积极提升青年教师和团队成员国际交流互动能力，培养了一批"出得去、回得来"的人才。他作为国家"863 计划"首席科学家，取得一系列重大成果，填补多项国内技术空白。

导　语

　　在工业生产中，经常要对传送带上连续供给的粒状物料进行计量并按一定质量分装。此时往往用到自动计量装置，这样既能提高生产效率，又能减轻工人的劳动强度。自动计量装置如图 8-1 所示，它是如何设计的呢？它由哪些气压基本回路组成？如何安装并调试这些气压基本回路及完整气压系统？这些都是本项目中要解决的主要问题。

图 8-1 自动计量装置

任务 1　自动计量装置气压基本回路设计

1.1　高压、低压转换回路设计

○ 任务描述

在自动计量装置气压系统中，有时要实现高压和低压的切换，可利用行程换向阀和减压阀组成高压、低压转化回路。

○ 任务实施

一、课前准备

通过网络学习平台和图书资料，复习气动三大件、气源等相关知识。

二、任务引导

1. 模拟仿真

学生在教师指导下使用 FluidSIM 软件进行高压、低压转换回路设计，并进行模拟仿真。

（1）高压、低压转换回路气压原理图如图 8-2 所示，请把"√"处的气压元件补全。

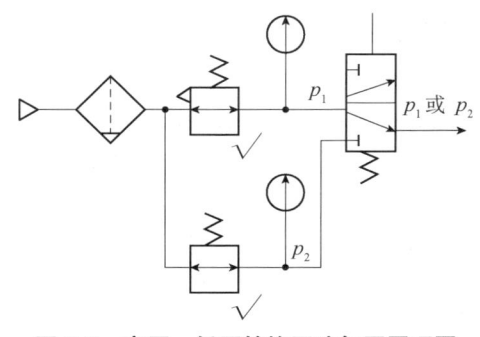

图 8-2　高压、低压转换回路气压原理图

（2）写出 p_1 和 p_2 两处气体的输出路线。

p_1：

p_2:

3. 表 8-1 中列出了高压、低压转换回路设计中使用的部分气压元件的职能符号,请将该表补充完整。

表 8-1　高压、低压转换回路设计中使用的部分气压元件

序号	职能符号	元件名称	数量	作用
1				
2				
3				
4				

三、任务评价

学生和教师填写任务检查评分表(见表 8-2)。

表 8-2　任务检查评分表(高压、低压转换回路设计)

序号	检查评分项目	自我检查结果	自我评分	组内检查结果	组内评分	小组互查结果	小组互评分	教师检查结果	教师评分
1	遵守安全操作规范(10分)								
2	态度端正,工作认真(10分)								
3	正确识别各元件的符号(20分)								
4	正确说出各元件的作用(20分)								
5	正确完成模拟仿真的全部内容(20分)								
6	正确排查回路故障(10分)								
7	做好6S管理工作(10分)								
合计									
总分									

1.2 多缸顺序动作回路设计

● 任务描述

在自动计量装置气压系统中有时要使多个气缸严格按照规定顺序动作，可利用行程换向阀组成多缸顺序动作回路。

● 任务实施

一、课前准备

通过网络学习平台和图书资料，复习行程换向阀等相关知识。

二、任务引导

1. 模拟仿真

学生在教师指导下使用 FluidSIM 软件进行多缸顺序动作回路设计，要求动作顺序为①左缸活塞杆伸出，②右缸活塞杆伸出，③左缸活塞杆缩回，④右缸活塞杆缩回，设计完成后进行模拟仿真。

（1）多缸顺序动作气压原理图如图 8-4 所示，请连接各气压元件并在"√"处补全相应的气压元件名称。

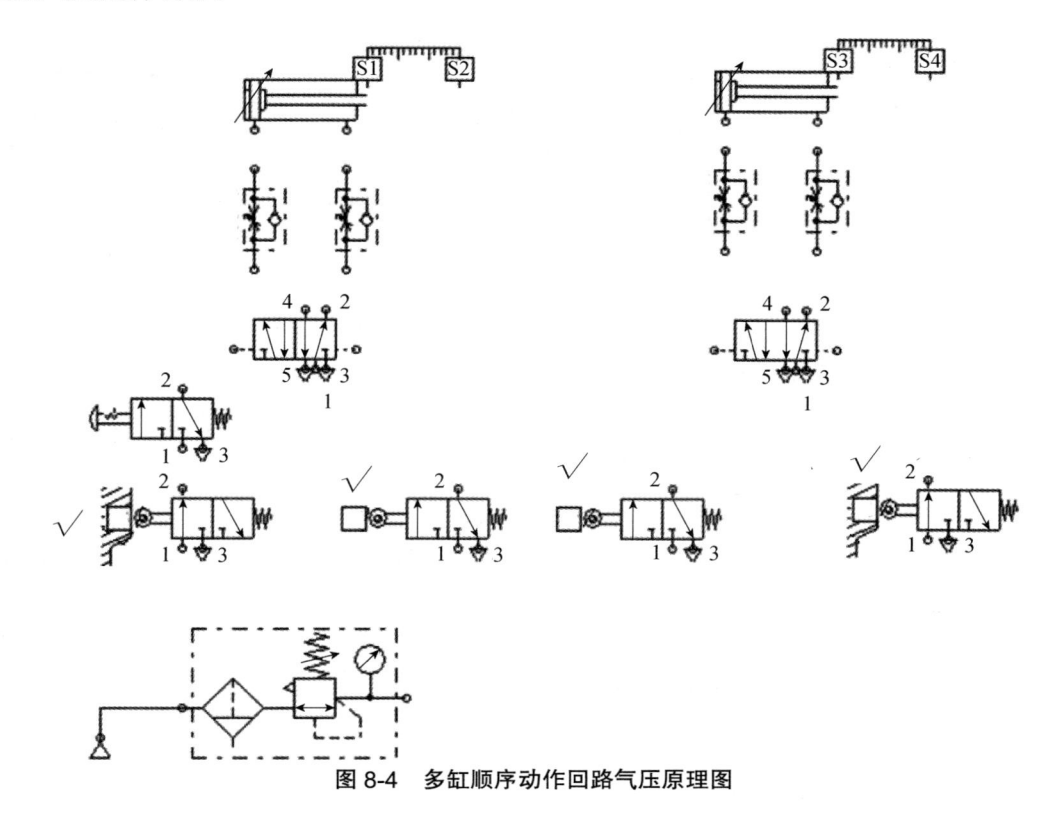

图 8-4 多缸顺序动作回路气压原理图

（2）写出图 8-4 中气体的传动路线。

左缸活塞杆伸出时：

右缸活塞杆伸出时：

左缸活塞杆缩回时：

右缸活塞杆缩回时：

3. 表 8-3 中列出了多缸顺序动作回路设计中使用的部分气压元件的职能符号，请将该表补充完整。

表 8-3 多缸顺序动作回路设计中使用的部分气压元件

序号	职能符号	元件名称	数量	作用
1				
2				
3				
4				

三、任务评价

学生和教师填写任务检查评分表（见表 8-4）。

表 8-4　任务检查评分表（多缸顺序动作回路）

序号	检查评分项目	自我检查结果	自我评分	组内检查结果	组内评分	小组互查结果	小组互评分	教师检查结果	教师评分
1	遵守安全操作规范（10分）								
2	态度端正，工作认真（10分）								
3	正确识别各元件的符号（20分）								
4	正确说出各元件的作用（20分）								
5	正确完成模拟仿真的全部内容（20分）								
6	正确排查回路故障（10分）								
7	做好6S管理工作（10分）								
合计									
总分									

1.3　排气节流调速回路设计

⊃ 任务描述

在自动计量装置气压系统中，为了使气缸活塞杆运行平稳，通常利用排气节流阀组成排气节流调速回路。

⊃ 任务实施

一、课前准备

通过网络学习平台和图书资料，预习排气节流阀等相关知识。

二、任务引导

1. 新知识学习

排气节流阀是安装在执行元件的排气口处，用于调节进入大气中气体流量的一种控制阀。它不仅能调节执行元件的运动速度，通常还带有消声器件，能起降低排气噪声的作用。

排气节流阀的工作原理图和职能符号如图 8-5 所示。其工作原理和节流阀类似，通过调节节流口处的通流面积来调节排气流量，通过消声套来减小排气噪声。

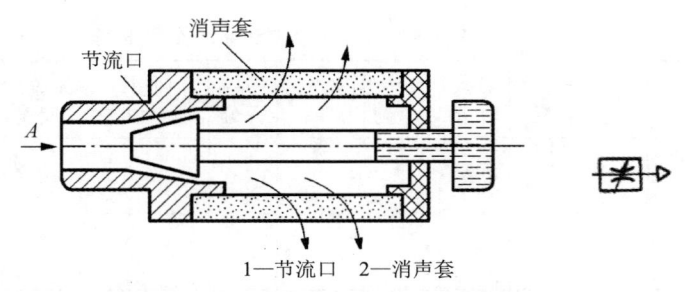

图 8-5　排气节流阀的工作原理图和职能符号

1—节流口　2—消声套

2. 仿真模拟

学生在教师指导下使用 FluidSIM 软件进行排气节流调速回路设计，并进行模拟仿真。

（1）排气节流调速回路气压原理图如图 8-6 所示，请分析该回路的工作过程。

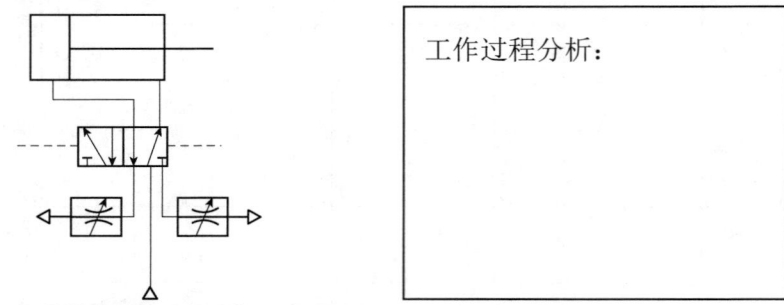

工作过程分析：

图 8-6　排气节流调速回路气压原理图

（2）写出图 8-6 中气体的传动路线。

活塞杆伸出时：

活塞杆缩回时：

3. 表 8-5 中列出了排气节流调速回路设计中使用的部分气压元件的职能符号，请将该表补充完整。

表 8-5　排气节流调速回路设计中使用的部分气压元件

序号	职能符号	元件名称	数量	作用
1				
2				

三、任务评价

学生和教师填写任务检查评分表（见表 8-6）。

表 8-6　任务检查评分表（排气节流调速回路设计）

序号	检查评分项目	自我检查结果	自我评分	组内检查结果	组内评分	小组互查结果	小组互评分	教师检查结果	教师评分
1	遵守安全操作规范（10分）								
2	态度端正，工作认真（10分）								
3	正确识别各元件的符号（20分）								
4	正确说出各元件的作用（20分）								
5	正确完成模拟仿真的全部内容（20分）								
6	正确排查回路故障（10分）								
7	做好6S管理工作（10分）								
合计									
总分									

1.4　延时换向回路设计

○ **任务描述**

在自动计量装置气压系统中，有时要对执行元件进行延时控制，可利用延时阀组成延时换向回路。

○ **任务实施**

一、课前准备

通过网络学习平台和图书资料，预习延时阀等相关知识。

二、任务引导

1. 新知识学习

如图 8-7 所示，延时阀由单向阀、节流阀、小气室和二位三通单气控换向阀组成。只有当小气室中的工作压力升高到设定值时，二位三通单气控换向阀才能换向，起到延时的效果。调节节流阀的开度，可调节延时的时间。

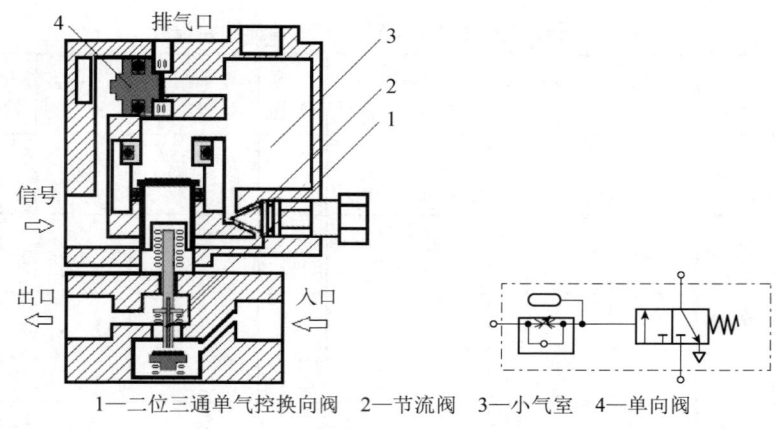

1—二位三通单气控换向阀　2—节流阀　3—小气室　4—单向阀

图 8-7　延时阀

2. 模拟仿真

学生在教师指导下使用 FluidSIM 软件进行延时换向回路设计，并进行模拟仿真。

（1）延时换向回路气压原理图如图 8-8 所示，请在"√"处补全相应的气压元件和元件名称。

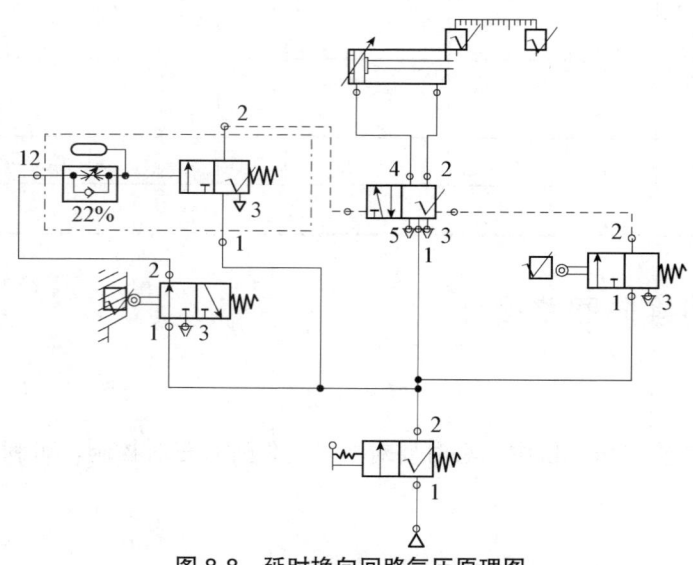

图 8-8　延时换向回路气压原理图

（2）写出图 8-8 所示回路中气体的传动路线。

活塞杆伸出时：

活塞杆缩回时：

3. 表 8-7 中列出了延时换向回路设计中使用的部分气压元件的职能符号，请将该表补充完整。

表 8-7　延时换向回路设计中使用的部分气压元件

序号	职能符号	元件名称	数量	作用
1				
2				
3				
4				

三、任务评价

学生和教师填写任务检查评分表（见表 8-8）。

表 8-8　任务检查评分表（延时回路设计）

序号	检查评分项目	自我检查结果	自我评分	组内检查结果	组内评分	小组互查结果	小组互评分	教师检查结果	教师评分
1	遵守安全操作规范（10分）								
2	态度端正，工作认真（10分）								
3	正确识别各元件的符号（20分）								
4	正确说出各元件的作用（20分）								
5	正确完成模拟仿真的全部内容（20分）								
6	正确排查回路故障（10分）								

续表

序号	检查评分项目	自我检查结果	自我评分	组内检查结果	组内评分	小组互查结果	小组互评分	教师检查结果	教师评分
7	做好 6S 管理工作（10 分）								
合计									
总分									

任务 2　自动计量装置气压系统传动分析

2.1　自动计量装置气压系统

图 8-9 为某自动计量装置示意图，当计量箱中的物料质量达到设定值时，会暂停传送带上物料的供给，然后将计量箱中计量好的物料卸到指定容器中。当计量箱返回到初始位置时，物料再次开始落入到计量箱中，开始下一次计量。

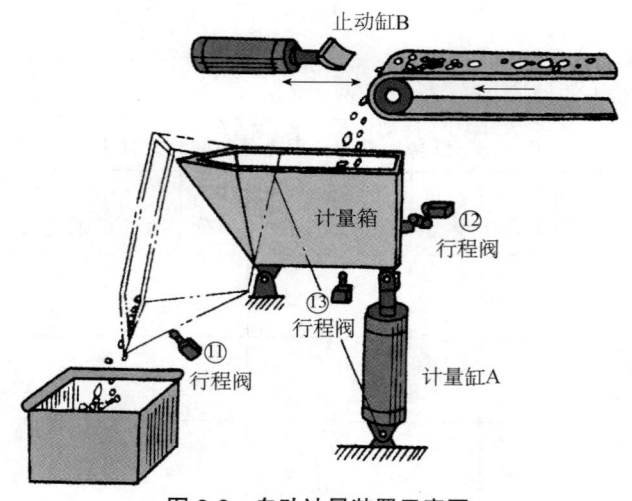

图 8-9　自动计量装置示意图

2.2　自动计量装置气压系统回路分析

自动计量装置气压系统原理如图 8-10 所示，现将自动计量装置工作过程分为 5 个步骤进行分析。

1. 准备计量

自动计量装置启动时，将手动换向阀 14 切换至左位，高压气体经减压阀 1 调节后使计量缸 A 的活塞杆伸出。当计量箱上的凸块通过行程阀 12 所在的位置时，手动换向

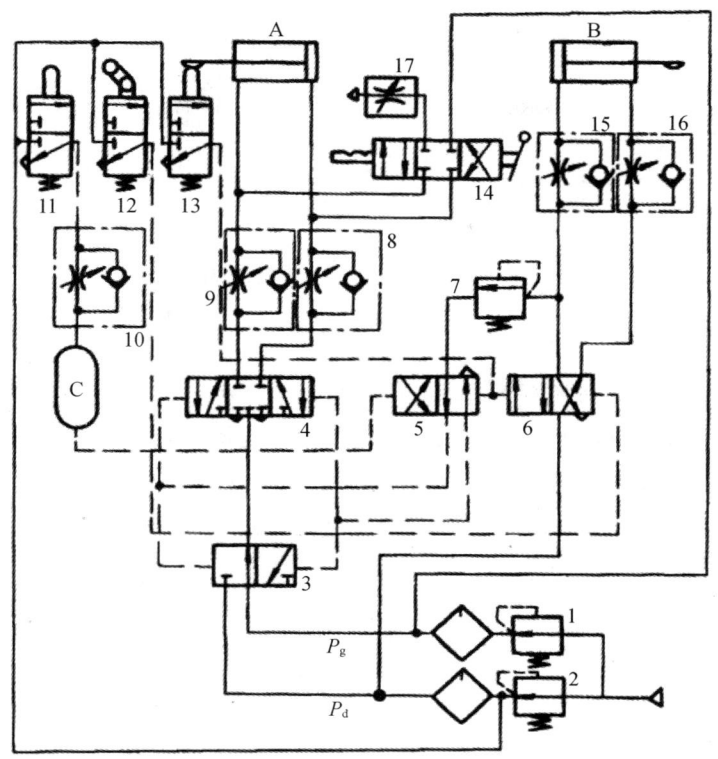

1、2—减压阀 3—高压、低压切换阀 4—主控换向阀 5、6—气控换向阀 7—顺序阀 8、9、10—单向节流阀 11、12、13—行程阀 14—手动换向阀 15、16—单向节流阀 17—排气节流阀 A—计量缸 B—止动缸 C—气容

图 8-10 自动计量装置气压系统原理图

阀 14 切换到右位,计量缸 A 的活塞杆运动速度在排气节流阀 17 调节气体流量减少的情况下下降。当计量箱上的凸块切换行程阀 12 至上位工作后,行程阀 12 发出的信号使气控换向阀 6 换至右位,使止动缸 B 缩回。然后将手动换向阀 14 换至中位,计量准备工作结束。

写出此过程中气体的传动路线。

进气路:

回气路:

2. 计量物供给

随着计量物落入计量箱中,计量箱及计量物的质量逐渐增加。此时主控换向阀 4 处于中位,计量缸 A 内的气体因被封闭而进行等温压缩,计量缸 A 的活塞杆慢慢缩回。当计量箱及计量物的质量达到设定值时,行程阀 13 切换至左位并发出气压信号使气控换向阀 6 换至左位(同时气控换向阀 5 切换为右位),止动缸 B 的活塞杆伸出,暂停计量物的供给。

写出此过程中气体的传动路线。

进气路：

回气路：

3. 计量物装箱

将气控换向阀 5 切换至图 8-10 中所示位置。止动缸 B 的活塞杆伸出至行程终点后，其无杆腔中的压力升高，打开顺序阀 7。主控换向阀 4 和高压、低压切换阀 3 被切换，高压气体进入计量缸 A，使计量缸 A 的活塞杆向外伸出，将计量物倒入指定容器中。

写出此过程中气体的传动路线。

进气路：

回气路：

4. 计量缸缩回

当计量缸 A 的活塞杆运动至终点时，行程阀 11 动作，高压气体经过单向节流阀 10 和气容 C 组成的延时回路延时后，切换气控换向阀 5，使主控换向阀 4 和高压、低压切换阀 3 换向，计量缸 A 的活塞杆缩回。

写出此过程中气体的传动路线。

进气路：

回气路：

5. 循环计量

计量缸 A 的活塞杆缩回，行程阀 12 动作，使气控换向阀 6 切换至上位工作后，止动缸 B 的活塞杆缩回，计量物重新开始落入计量箱中。

2.3 自动计量装置气压系统的特点

自动计量装置气压系统有如下特点。

1. 同时采用了节流调速回路和排气节流调速回路，将自动计量装置的运行速度控制得更加合理。
2. 通过行程阀和气压顺序阀反馈位置信息和压力信号，实现了自动换向功能。
3. 将计量物倒入指定容器后，通过延时阀使计量缸 A 的活塞杆延时缩回，使整个工作过程更加平稳。
4. 自动计量装置气压系统采用纯气压控制，安全可靠，寿命长，价格便宜。

任务 3　自动计量装置气压系统故障诊断与排除

3.1　气体压力不足

1. 气体压力不足，可能是气源压力调得过低，此时应重新调定气源压力；
2. 气体压力不足，可能是因为管路连接错误，将气源和排气阀接通，造成气体压力急剧降低。

3.2　气缸不动作

1. 气缸不动作，可能是气缸本身发生故障，此时应维修或更换气缸。
2. 气缸不动作，可能是某个单向节流阀接反造成的，应重新安装接反的单向节流阀。

3.3　止动缸活塞杆伸出至行程终点后，计量缸活塞杆无法伸出

止动缸活塞杆伸出至行程终点后，计量缸活塞杆无法伸出，可能是因为顺序阀的调定压力过高，该调定压力不能大于气源的工作压力。

3.4　计量物被倒入指定容器后，计量缸活塞杆没有经过延时就直接缩回

计量物被倒入指定容器后，计量缸活塞杆没有经过延时就直接缩回，可能是因为延时阀没有调定好，此时应重新调定延时阀。

项目习题

一、减压阀是如何实现减压和调压功能的？

二、试说明排气节流阀的工作原理、主要特点及用途。

参考文献

[1] 马宪亭. 液压与气压传动分析与应用. 北京：化学工业出版社，2010 年.
[2] 张全安，王德洪. 液压气动技术与实训. 北京：人民邮电出版社，2007 年.
[3] 陆全龙. 液压技术. 北京：清华大学出版社，2011 年.
[4] 符林芳，李稳贤. 液压与气压传动技术. 北京：北京理工大学出版社，2010 年.
[5] 车君华，李莉，商义叶. 液压与气压传动技术项目化教程. 北京：北京理工大学出版社，2019 年.